普通高等学校艺术设计专业"十三五"规划教材

网页与网站设计

主编 杨浩

副主编 邢子超 宁铂

参编 许娴 王航

江苏大学出版社
JIANGSU UNIVERSITY PRESS

镇 江

图书在版编目（CIP）数据

网页与网站设计 / 杨浩主编. -- 镇江：江苏大学
出版社, 2019.10
ISBN 978-7-5684-1217-9

Ⅰ.①网… Ⅱ.①杨… Ⅲ.①网页制作工具②网站—
设计 Ⅳ.①TP393.092

中国版本图书馆CIP数据核字（2019）第229002号

网页与网站设计
Wangye Yu Wangzhan Sheji

主　　编 / 杨　浩
责任编辑 / 孙文婷
出版发行 / 江苏大学出版社
地　　址 / 江苏省镇江市梦溪园巷30号（邮编：212003）
电　　话 / 0511-84446464（传真）
网　　址 / http://press.ujs.edu.cn
印　　刷 / 南京孚嘉印刷有限公司
开　　本 / 787 mm × 1 092 mm　1/16
印　　张 / 8.25
字　　数 / 183千字
版　　次 / 2019年10月第1版　2019年10月第1次印刷
书　　号 / ISBN 978-7-5684-1217-9
定　　价 / 55.00元

如有印装质量问题请与本社营销部联系（电话：0511-84440882）

前 言

Preface

　　网页与网站是我们了解世界的窗口，其设计与制作包含着诸多方面的内容，但大体上来说主要包含静态和动态的设计。静态的设计，就如基本的平面设计；而动态的设计，则类似于动画设计等。但无论是静态的设计还是动态的设计，都是以"网页三剑客"（Dreamweaver、Flash及Fireworks）为主要软件去实现的。本书以Dreamweaver软件为基本工具，通过详细讲解软件本身对于网页设计及网站建设的地位和作用，以及对软件界面的基本认识、对网页语言的基本学习等，进而系统完整地介绍了如何运用本软件，并通过实际案例的分析，总结了网页设计美感范式。

　　本书是一本专门介绍网站与网页设计与制作的实用性教材，在编写过程中，编者针对各个章节不同的知识内容，提供了多个不同的实例，把知识介绍与设计实例、制作分析融于一体，以帮助读者更好地学习书中内容。本书条理清晰、内容完整、实例丰富、图文并茂、系统性强，不仅可以作为高等学校计算机及相关专业的教材，也可以作为艺术设计类相关专业的教材。

　　全书共十一章，邢子超（黄河科技学院艺体学部）负责撰写第一章、第二章和第十一章；宁铂（中原工学院信息商务学院）负责撰写第三章、第四章和第五章；许娴（黄河科技学院艺体学部）负责撰写第六章、第七章和第八章；王航（资深网站设计师）负责撰写第九章和第十章。

杨浩（黄河科技学院艺体学部）负责全书大纲的审定和全书的统稿。

参与编写的老师和设计师都是具有多年设计教学经验或从业经验的资深人士，但由于水平有限，书中难免有不足之处，恳请读者提出宝贵意见或建议。

杨　浩

2019 年 9 月

目 录

Contents

第一章　了解工作区

第二章　初识代码

第三章　定义 Dreamweaver 站点

第四章　创建网页

第五章　使用层叠样式表

第六章　使用表格布局

第七章　创建表单网页

第八章 设置超链接

第九章 实战演练

第十章 发布站点

第十一章 优秀网页设计案例解析

附录

第 一 章

了解工作区

第一节　了解 Dreamweaver 工作区

打开 Dreamweaver CC 后，出现如图 1-1 所示界面。Dreamweaver 界面具有大量用户可配置的面板和工具箱选项，Dreamweaver 界面的面板和工具箱见表 1-1。

表 1-1　Dreamweaver 界面的面板和工具箱

Ⓐ：菜单栏	Ⓓ："设计"视图	Ⓖ：视图切换
Ⓑ：文档选项卡	Ⓔ："代码"视图	Ⓗ：文件面板
Ⓒ：工具栏	Ⓕ：标签选择器	

大多数情况下，都可以在"窗口"菜单中找到隐藏面板。

现在，就开始 Dreamweaver 的学习。

文件>打开，在光盘的素材文件夹中，选择"1-1"文件夹中的 start-here.html，并单击"打开"按钮。

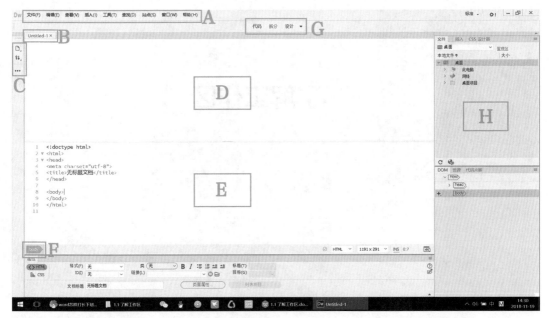

图 1-1　Dreamweaver CC 界面

第二节　切换和拆分视图

Dreamweaver 分别为编码人员和设计人员提供了专用的环境，此外，还提供了一个将这两种界面同时显示出来的复合选项。

一、"设计"视图

"设计"视图在 Dreamweaver 工作区中着重显示视觉化的编辑器，非常接近地描绘了 Web 页面在浏览器中的界面。单击"文档"工具栏中的"设计"按钮（见图 1-2），可以切换到"设计"视图。

大多数 HTML 元素和 CSS（Cascading Style Sheet，层叠样式表）格式化效果都可以在"设计"视图内正确呈现。其他元素如动态的内容和交互性则有较大的差别，如链接行为、音 / 视频等。

二、"代码"视图

"代码"视图在 Dreamweaver 工作区中只着重显示 HTML 代码，以及各种提高代码编辑效率的工具。单击"文档"工具栏中的"代码"按钮（见图 1-3），可以切换到"代码"视图。

图 1-2 "设计"视图

图 1-3 "代码"视图

三、"拆分"视图

"拆分"视图提供了一个复合的工作界面。在此视图中，可以同时访问"设计"视图和"代码"视图。在任意一个窗口做出更改，都会在另一个窗口中进行更新。

单击"文档"工具栏中的"拆分"按钮（见图1-4），可以访问"拆分"视图。拆分分为水平拆分和垂直拆分。

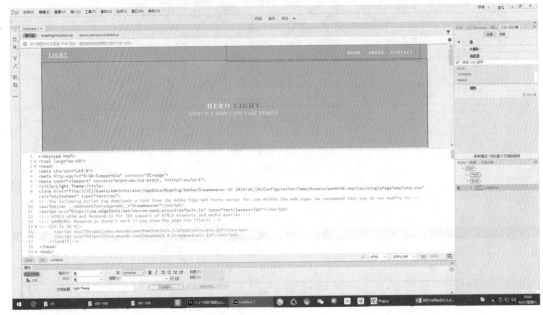

图 1-4 水平"拆分"视图

可以通过菜单栏的"查看 > 拆分"选项来切换垂直拆分（见图1-5）。

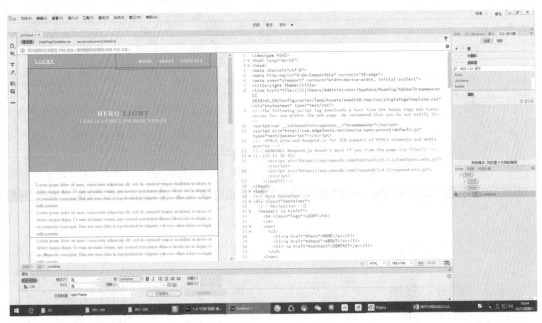

图 1-5 垂直"拆分"视图

四、"实时"视图

为了更快地开发现代 Web 站点的进程，Dreamweaver 还包括了第四种显示模式，称为"实时"视图（见图 1-6）。

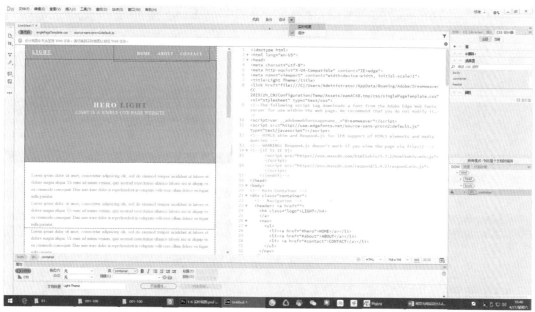

图 1-6 "实时"视图

在此状态下，将不能与"设计"视图同时显示，这意味着不能在"设计"视图状态下同时编辑内容以便预览。但"代码"视图依然可以同时显示，在此状态下，仍然可以修改"代码"视图中的内容和层叠样式表。

第三节 使用"属性"检查器

"属性"检查器是 Dreamweaver 中一种至关重要的工具。"属性"面板通常位于工作区的底部，将依据不同元素进行切换（见图 1-7、图 1-8）。

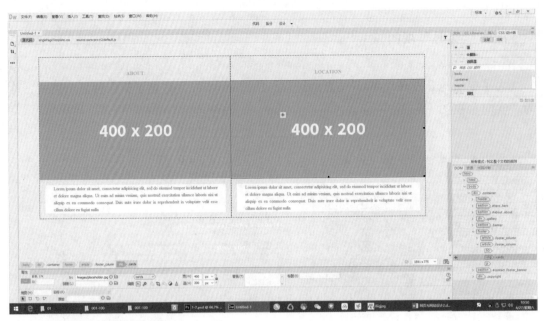

图 1-7 点击图片显示的图片相关属性

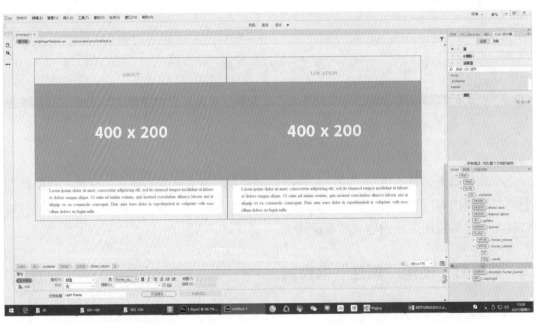

图 1-8 点击文字内容显示的文本相关属性

一、使用 HTML 选项卡

单击菜单栏：文件 > 新建 > 新建文档 > 文档类型 >HTML，单击"创建"按钮（见图 1-9）。

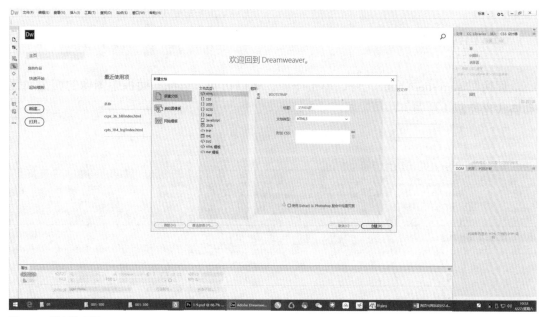

图 1-9 "创建"界面

创建文件后，默认选择的是 HTML 选项卡。当选择该选项时，可以应用段落格式、粗斜体、项目编号等格式化效果和属性（见图 1-10）。

图 1-10 HTML 选项卡

二、使用 CSS 选项卡

切换到 CSS 选项卡后，可以快速访问 CSS 格式化效果的命令（见图 1-11）。

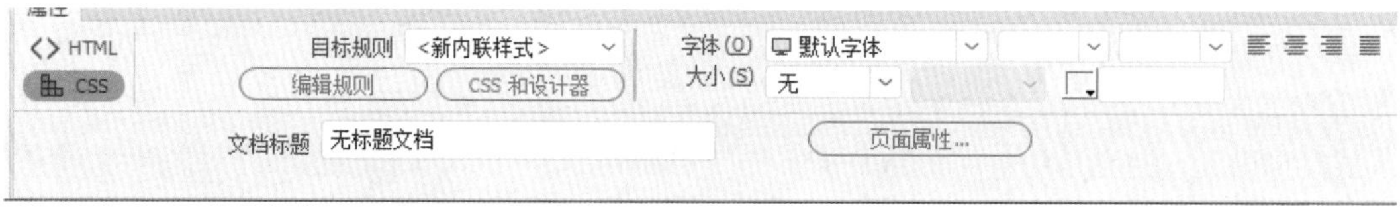

图 1-11 切换 CSS 选项卡

三、图像属性

切换回 start-here.html 文件，单击图像，可以访问"属性"面板中图像的相关属性和格式化控制（见图 1–12）。

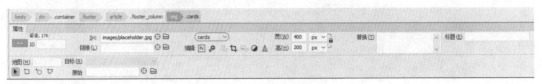

图 1–12　相关属性界面

第 二 章

初识代码

在 Web 的设计中，HTML 相当于 Web 页面的支架，可以将其比喻成人体内的骨骼，尽管除了 Web 设计师之外其他人通常看不到它，但如果没有它，Web 也不会存在。目前，HTML 和 CSS 及 JavaScript 可以说是所有高级网页制作技术的核心与基础。

第一节　HTML 语言

HTML 是超文本标记语言（HyperText Markup Language）的简称。

一、HTML 语言的基本结构

这里的"超文本"，意为超越文字元素，一般是指页面内可以包含图像、链接、音 / 视频及程序等非文字的元素。

所谓的"标记"，就是指标记开始和结束的标签。在 HTML 页面中，像起始标签 <html> 和结束标签 </html> 这样的成对标签占比极大，这里需要注意的是，斜杠不是"\"而是"/"，称之为右斜杠。

　　新建空白 HTML 文档（见图 2-1），在空白页面中，有 <html><head><body> 和 <title> 四个标签，并且这四个标签都是成对的。

图 2-1　空白 HTML 文档

　　由此可见，这是一个 HTML 文档的基本语法结构，一个完整的 HTML 文档应由标题、段落、列表、表格、单词，以及嵌入的各种对象组成，在网页设计中，通常将这些称为元素。实际上，整个 HTML 文档就是由这些元素和标签组成的。

二、基本语法

　　<html> 标签主要起表示或便利其他工具的作用。它能够帮助使用者更好地阅读 HTML 代码，以便更好地插入各种元素。对于初学者来说，<html> 标签的开始和结束部分可以保证在编写的过程中不被删掉。

　　<head> 标签并非所有浏览器都要求有，但大多数浏览器依旧希望在 <head> 标签中找到文档的补充信息，如标题或文档名信息等。

　　<title> 标签一般默认状态下为文档标题，但此标题不显示在浏览器窗口中，而显示在浏览器标题栏中（见图 2-2、图 2-3）。

　　<body> 标签中包含浏览器中显示信息的所有标签和属性，绝大多数内容都可以体现在此标签中。

图 2-2　title 位置

图 2-3　title 网页状态

标签说明见表2-1。

表 2-1　标签说明

\<html\>	HTML 页面开始
\<head\>	头部开始
……	
\</head\>	头部结束
\<body\>	主体开始
……	
\</body\>	主体结束
\</html\>	HTML 页面结束

需要特别注意的是，在 HTML 的标准中，标签和属性名称不区分大小写，例如 \<head\> 标签，也可以表示成 \<HEAD\>\<Head\> 甚至是 \<HEad\>。除了赋予特定属性的值可能需要区分大小写外，其他情况下这样的表示都是一样的。

三、编写 HTML 代码

编写代码听起来或许很困难，但创建 Web 页面实际上比想象的要简单得多。下面将通过创建一个基本的 Web 页面，以及添加并格式化一些简单的文本内容，来介绍 HTML 的工作方式。这里以 Windows 系统为例。

第一步：打开记事本。开始 > 所有程序（应用）>Windows 附件 > 记事本，打开后为空白文档（见图 2-4）。

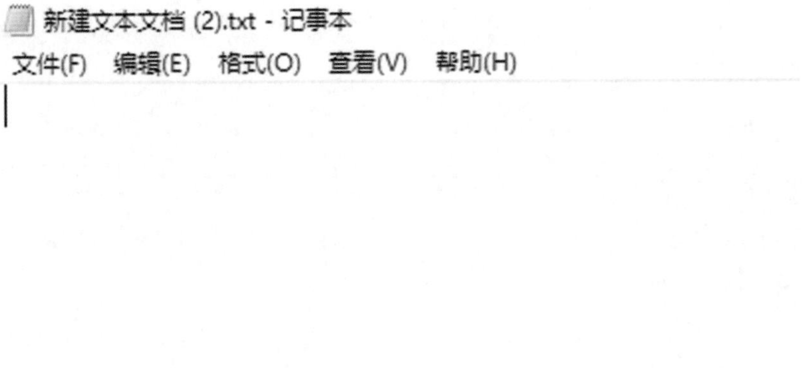

图 2-4　空白文本文档

第二步：在空白文档中输入以下内容（见图 2-5）：

```
<html>
<body>
欢迎来到我的第一个网页
</body>
</html>
```

第三步：文件 > 另存为 > 命名为 firstpage.html（见图 2-6）。

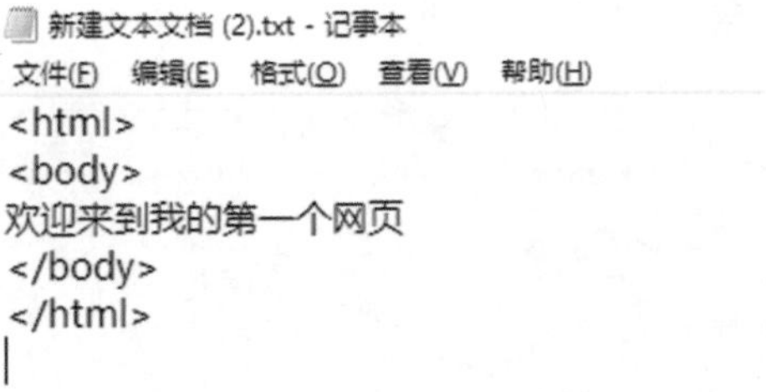

图 2-5　输入指令

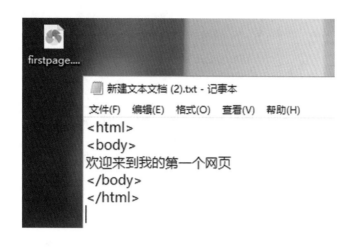

图 2-6　保存文件

第四步：用 Windows 自带的 IE 浏览器或任何安装的浏览器打开网页（见图 2-7）。

图 2-7　网页打开效果

接下来进入格式化文字的阶段。

第五步：在保持 firstpage 网页文件打开的状态下，切换回记事本编辑器。

第六步：在"欢迎来到我的第一个网页"这句话末尾处插入光标，并按"Enter"键回车，输入"制作网页非常有趣"这句话。然后，同样另存为 firstpage.html 文件。

此处保存时，因为同名的关系，所以在保存的时候会提示是否替换，确认替换。

第七步：切换到浏览器下，刷新（F5）之前保存的页面（见图 2-8）。

此时会发现，明明已经在记事本上按了回车键，却被浏览器忽略了。事实上，这与空格或回车数量没有关系，因为浏览器已经被编写成只注重 HTML 代码元素。因此要想实现多次空格或回车，就必须利用 HTML 代码。

图 2-8　刷新后的效果

第八步：切换回记事本。

第九步：在"欢迎来到我的第一个网页"的前后加上 <p> 和 </p>（见图 2-9）。

第十步：保存（Ctrl+S）或以之前的方式另存文件。

第十一步：切换回浏览器界面并刷新，这时浏览器显示的就是两行文字（见图 2-10）。

图 2-9　输入指令　　　　　　　　　　　　　　　　　　图 2-10　切换回浏览器显示的效果

如果需要多处空格，可添加代码" "，需要多少个空格就添加多少个代码。例如，要在"制作网页"和"非常有趣"之间添加五个空格，那么文本应该如下所示：

　　<p> 制作网页   非常有趣 </p>

保存后的效果如图 2-11 所示。

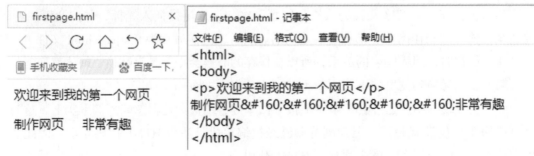

图 2-11　添加空格后的效果

四、利用 HTML 格式化文本

本节将简要介绍一些基本的 HTML 代码。首先介绍标题标签。HTML 中标签有 <h1> 到 <h6> 六种不同的标题，<h1> 最大，<h6> 最小。

先将"欢迎来到我的第一个网页"这句话复制六遍，并在每句话的开头和结尾处分别添加 <h1></h1> 到 <h6></h6>（见图 2–12）。

按照之前的步骤保存并切换到浏览器刷新（见图 2–13）。

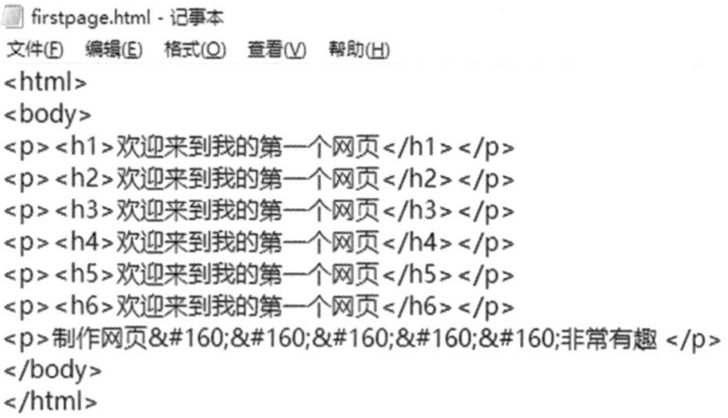

图 2–12　输入指令

图 2–13　不同标题效果

这里有两个标签出现，此时会产生一个问题，那就是标签的先后顺序。这里可以肯定的是，虽然没有明确地定义标签的顺序，但尽量不要写成"<h1><p></h1></p>"这样的形式，而应尽量保持"<p><h1></h1></p>"或"<h1><p></p></h1>"的形式，注重标签的对称性。

此外，如果觉得标题不够粗，还可以添加加粗代码，这里需要引入一个新的概念，即内联（inline）。在之前介绍的 HTML 代码中，段落代码 <p></p> 或标题代码 <h1></h1> 都是独立存在的，称之为块（block）元素。接下来对标题加粗或加斜时，将运用内联的格式化命令。

将"制作网页非常有趣"这句话复制三遍，此时可以去掉空格代码（见图 2–14）。

斜体的标签是 <em></em>，粗体的标签是 <strong></strong>，按照代码编写的效果，第一行应该是斜体，第二行应该是粗体，第三行应该是粗斜体，保存后切换到浏览器，刷新后看看效果（见图 2–15）。

```
firstpage.html - 记事本
文件(F)  编辑(E)  格式(O)  查看(V)  帮助(H)
<html>
<body>
<p><h1>欢迎来到我的第一个网页</h1></p>
<p><h2>欢迎来到我的第一个网页</h2></p>
<p><h3>欢迎来到我的第一个网页</h3></p>
<p><h4>欢迎来到我的第一个网页</h4></p>
<p><h5>欢迎来到我的第一个网页</h5></p>
<p><h6>欢迎来到我的第一个网页</h6></p>
<p>制作网页     非常有趣 </p>
<p><em>制作网页非常有趣</em></p>
<p><strong>制作网页非常有趣</strong></p>
<p><em><strong>制作网页非常有趣</em></strong></p>
</body>
</html>
```

图 2-14　删除空格代码指令

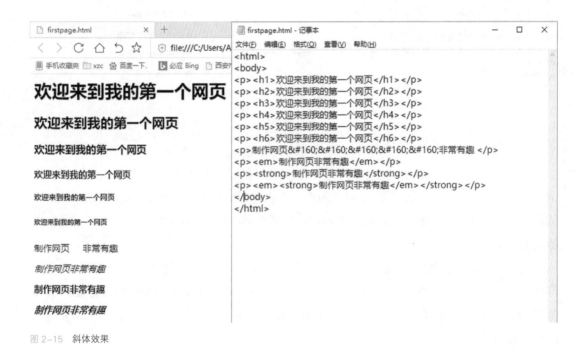

图 2-15　斜体效果

事实上，Dreamweaver 已经基本实现了视觉化操作，也就是说在开始设计网页时，就可以直接从设计视窗进行设计而非编写代码，但这仅限于某些特定的效果。如果需要更多样式的效果，就需要进一步学习 CSS。

第二节 CSS 层叠样式表

如果说 HTML 是 Web 页面的骨骼，那么 CSS 样式表就是页面的外观和感觉。相较于 HTML 这样的定式，CSS 的语言和语法更复杂，但功能也更强大。CSS 必须经过长时间的专门学习才能深入地掌握。可以说，如果没有 HTML 和 CSS，现在的 Web 设计师们将无法立足。

接下来，先简要了解 CSS 与 HTML 的区别，后面将学习 CSS 的强大功能。

用 Dreamweaver 打开光盘素材"2-1"文件夹中的"HTML_格式化"文件，选择"拆分视图"，另存为"我的 HTML_格式化"（见图 2-16）。

图 2-16　"我的 HTML_格式化"

如图 2-16 所示，每个 <h1> 和 <p> 元素中的属性 color="blue"。将前两行的"blue"换成"red"，设置完成后刷新页面（见图 2-17）。

如果每行都要进行替换将是一件很麻烦的事情，这时就需要 CSS 格式化文本。

打开"2-1"文件夹中的"CSS_格式化"文件，另存为"我的 CSS_格式化"（见图 2-18）。

图 2-17 "red" 效果

图 2-18 指令

　　比较"HTML_格式化"和"CSS_格式化"两个文件，注意 <head></head> 的代码区域，图 2-19 为 HTML_格式化，图 2-20 为 CSS_格式化。

```
1   <!DOCTYPE html PUBLIC "-//W3C//DTD XHTML 1.0 Transitional//EN" "http://www.w3.org/TR/xhtml1/DTD/xhtml1-transitional.dtd">
2 ▼ <html xmlns="http://www.w3.org/1999/xhtml">
3 ▼ <head>
4   <meta http-equiv="Content-Type" content="text/html; charset=UTF-8" />
5   <title>HTML Legacy Formatting</title>
6   </head>
```

图 2-19   HTML_ 格式化

```
1   <!DOCTYPE HTML>
2 ▼ <head>
3   <title>CSS-based Formatting</title>
4
5 ▼ <style type="text/css">
6   <!--
7 ▼ h1 { font-family: Verdana;
8       font-size: 20pt;
9       color: blue; }
10 ▼ p  { font-family: Verdana;
11      font-size: 12pt;
12      color: blue; }
13  -->
14  </style>
15  </head>
```

图 2-20   CSS_ 格式化

切换回"我的 CSS_ 格式化"文件，将第 9 行的"blue"，也就是第 7 行 h1 代码的结尾部分，换成"red"，修改后再刷新看看效果（见图 2-21）。

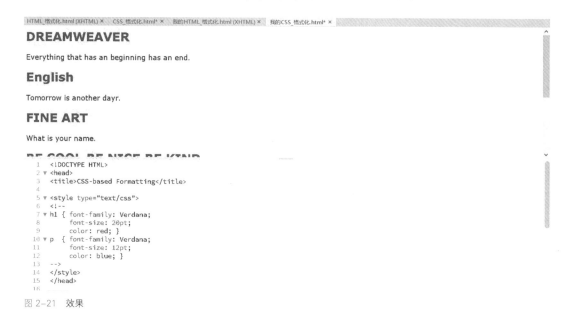

图 2-21   效果

可以看到，修改后所有标题 1 的文字全部变成了红色，而不需要每一行都进行修改。这凸显了 CSS 提供的格式化能力对效率提升的显著效果，单独使用 HTML 是达不到这样的效果的。

第 三 章

定义 Dreamweaver 站点

本章所有内容都是以 Dreamweaver 站点为基础的工作环境。从头开始创建的 Web 页面和使用储存在硬盘上的现有文件和资源，它们结合在一起就构成了所谓的本地（local）站点。

第一节　站点的创建与管理

在制作网页之前需要先定义一个本地站点，这样可以更好地利用站点对文件进行管理，以便尽可能地减少错误。使用 Dreamweaver 不仅可以创建单独的文档，而且可以创建完整的 Web 站点。

一、创建站点的准备工作

在创建站点之前，需要了解一些概念，如对于站点的理解，站点规划结构的注意事项等。

站点是一组具有共享属性（如相关主题、类似设计或共同目的）的链接文档和资源。站点可以小到一个网页，也可以大到整个网站。站点可以包含文字、图片、视频及音乐等各种资源。

站点规划结构的问题。如果对网站没有清晰的认识，那么以后在网站的维护中就会出现许多麻烦。因此，为了节省时间，也为了提高工作效率，应在创建站点前就认真规划好各个站点，并把站点资源按类别保存在不同的文件夹内。如果站点较大，文件会非常庞杂，可以先按栏目分，再在栏目里分类。

需要注意的是，在命名分类文件夹或文件名的时候，应尽量选择方便理解且易于记忆的文件名，应尽量使用英文单词或汉语拼音命名。

二、创建本地站点

创建站点的步骤如下：

第一步，打开 Dreamweaver 界面，单击站点界面，可以看到关于站点的一些命令（见图 3-1）。

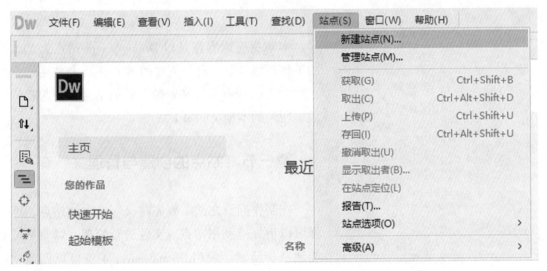

图 3-1　命令展示

第二步，点击新建站点，进行命名和选择存放目录。尽量选择英文字母进行命名，这里以 abc 命名为例。同时，在选择盘的时候，应尽量选择本地硬盘，除特殊情况外，不要选择 U 盘或移动硬盘等外接存储设备（见图 3-2）。设置完成后点击保存即可。

三、管理站点

创建好站点，就要对站点进行管理，只有将站点管理得井然有序，才能顺利完成后面的制作工作。

打开站点。站点 > 管理站点 > 选中 abc（或任意的名称）> 完成（见图 3-3）。

图 3-2 保存界面

图 3-3 步骤

此时出现问题——网页没有打开，原因就在于，这里只是新建了站点，在站点内并没有新建任何网页，因此现在的 abc 仅仅是一个空白的本地网站。需要对站点内的文件进行新建等一系列操作。

四、管理站点文件及文件夹

建立站点后，新建文件的方法就多了一种，从原来的文件＞新建，到直接在站点里面创建，这样做的好处是有利于管理与观察。

新建文件。单击选中站点，然后右击（见图 3-4）。

右击菜单中，前两个命令是新建文件及文件夹。点击文件夹后命名为"henan"，在"henan"文件夹的基础上右击，新建 HTML 文件，命名为"zhengzhou"。检查本地硬盘，看文件夹及 HTML 文件是否都是按命名及保存路径来保存的。如果是，就说明网站建立的是正确的。如果没有显示，则需要检查站点设置的步骤是否出错。

进行完这一步，即可开始网页页面编辑的步骤。

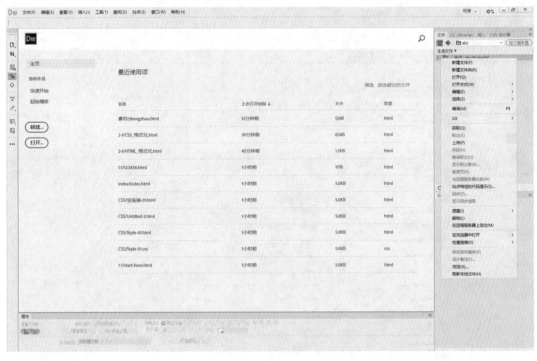

图 3-4　操作指令

第二节　设置页面属性

在制作网页前，通常还需要对网页页面属性进行一些参数的设置，理想的页面设置是网页制作成功的关键。

一、外观

页面的设置需要有网页文件才行，因此，首先打开"zhengzhou"的 HTML 文件。右击站点下的"zhengzhou"文件，选择打开（见图 3-5）。

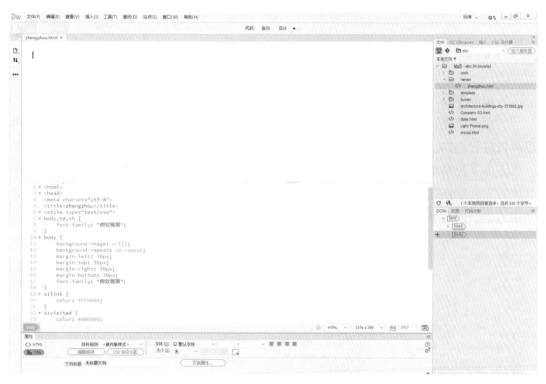

图 3-5　打开界面

在界面的正下方点击页面属性，页面属性包括很多内容，例如网页中的文本字体样式、链接的颜色、背景图像和网页标题的设置等（见图 3-6）。下面就其中的几个关键问题进行简要说明。

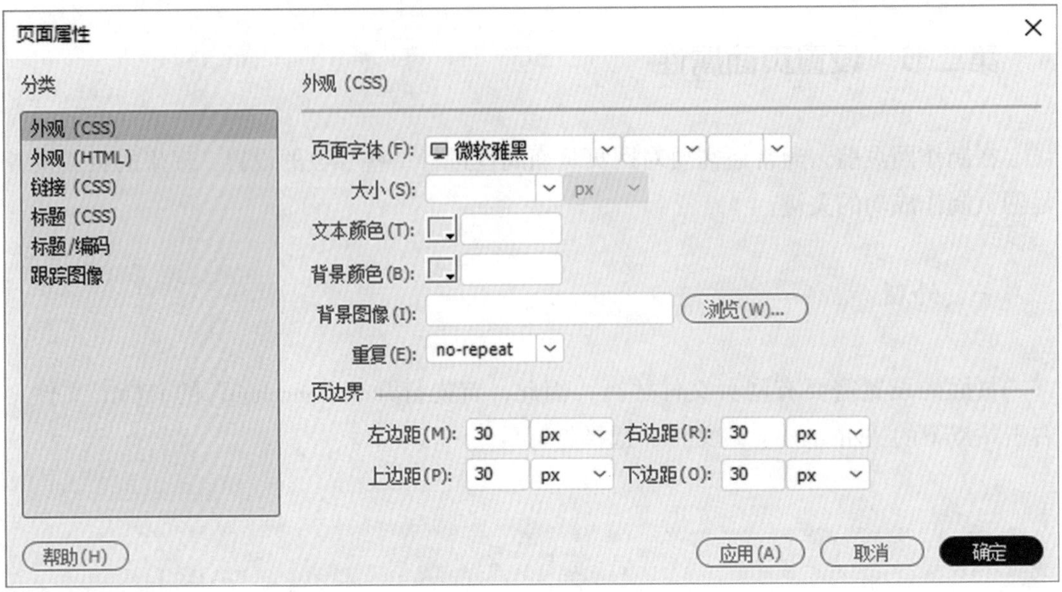

图 3-6　设置界面

1. 页面字体

"页面字体"用于设置网页文本的字体样式，如果在下拉菜单中无法找到所需字体，也可以自行添加，具体步骤如下（见图 3-7 至图 3-10）。

点击下拉菜单如果没有找到想要的字体，则点击字体管理，出现如图 3-8 所示界面。其中有三种字体选项：Adobe Edge Web Fonts、本地 Web 字体及自定义字体堆栈。需要使用的是前面两种。

图 3-7　字体操作指令

图 3-8　字体选择界面　　　　　　　　　　　　　图 3-9　"本地 Web 字体"操作界面

图 3-10　完成指令效果

　　从网上下载好字体后，根据路径选择需要安装的字体，通常情况下存放字体的文件夹是 C:\Windows\Fonts，因此建议在下载好字体后统一放在一起。

　　例如，选择 Adobe 字库中的 Acme 字体，先单击选中，再单击完成，此时看列表，就出现了 Acme 字体。

2. 文本颜色 / 背景颜色

　　单击"文本颜色"属性旁边的□按钮，显示出如图 3-11 所示的界面。

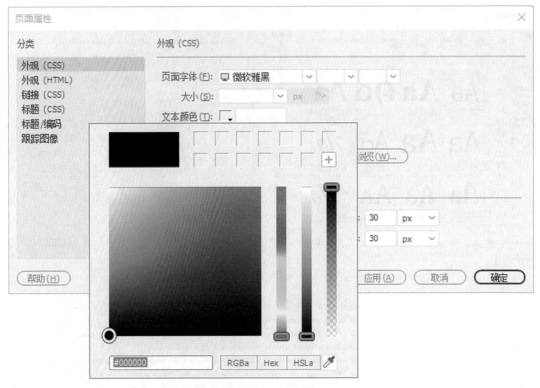

图 3-11　颜色设置

3.背景图像

此选项和设置桌面背景属性基本一致。但由于定义了一个站点，而任何的素材都必须在网站里面，因此，需从另一个文件夹内选取一张图片，其显示如图 3-12 所示提示。

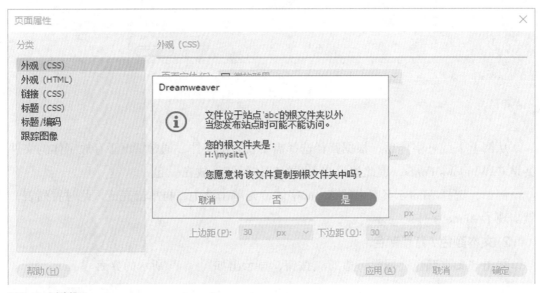

图 3-12　系统提示

该提示意为需要设置的图片不是来自设置的网站，需要进行复制，才能使图片出现在这个网站里面，从而进行网页背景的插入。点击"是"之后，就会出现如图 3–13 所示的界面。

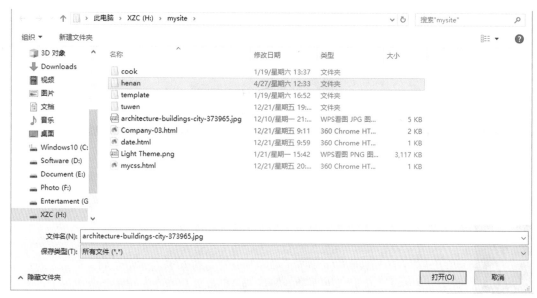

图 3–13　复制图片后的界面

点击保存，图像就复制到现有网站的文件夹内，其中有"重复""横轴重复""纵轴重复"及"不重复"四个选项，具体效果如图 3–14 至图 3–17 所示。

图 3–14　重复效果

图 3-15　横轴重复效果

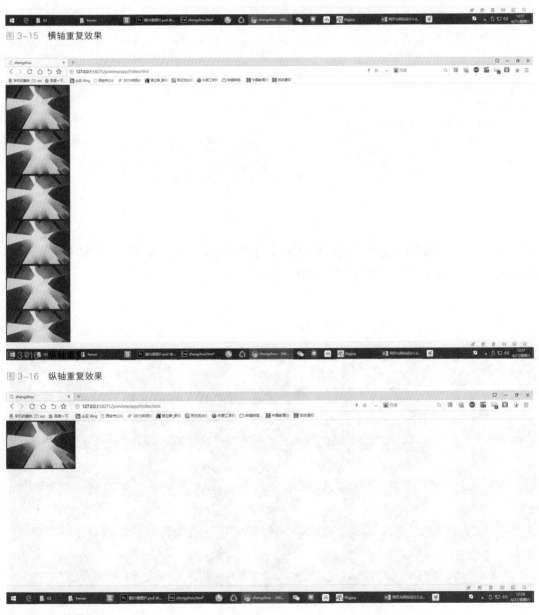

图 3-16　纵轴重复效果

图 3-17　不重复效果

4. 页边界

页边界，是指页面中文本或图像与浏览器边界的距离，通常在不默认设置的情况下，会留有一定的边框（见图 3-18 至图 3-20）。

图 3-18 默认值效果

图 3-19 零边距效果

图 3-20　20px 边距效果

二、设置链接

　　"页面属性"左边"分类"的第三个选项"链接（CSS）"就是对于链接的属性的设置，包含链接的字体、大小、颜色及下划线样式等属性（见图 3-21）。

图 3-21　页面属性链接

"变换图像链接"用于指定当鼠标指针位于链接时应用的颜色，后期讲述设计时会有涉及，这里暂不赘述。

三、设置标题

在"页面属性"的"分类"里，选择"标题（CSS）"，就会出现如图 3-22 所示的界面。

图 3-22　页面属性标题

此时的标题有 1 到 6，与 HTML 语言一样，这里的标题 1 到标题 6，就是一级标题到六级标题。后面的颜色选项和前面的链接选项一致。

四、设置标题 / 编码

在"页面属性"的"分类"里，选择"标题 / 编码"，会显示如图 3-23 所示的界面。

主要看第一个"标题"选项，前述标题设置中的标题是网页内文的分级标题，而该选项中的标题则用于指定在文档窗口和浏览器窗口的标题栏中出现的页面标题。例如，若显示"无标题文档"，则将其设置为"changzhou"，单击确定后并保存，显示如图 3-24 所示界面。

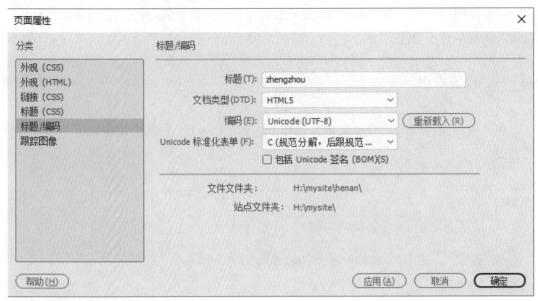

图 3-23　页面属性标题 / 编码

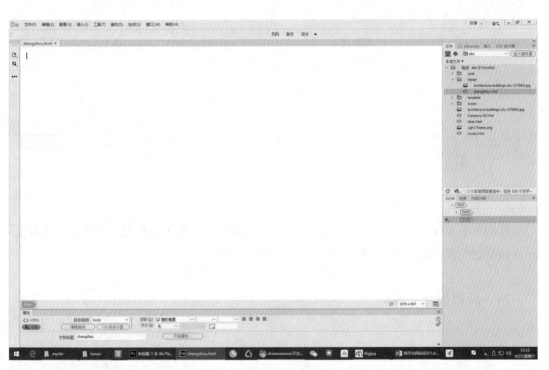

图 3-24　无标题文档效果

　　从 Dreamweaver 界面上看并无不同，但是当在浏览器中显示时，就会出现如图 3-25 所示的情况。

图 3-25　浏览器显示效果

　　页面的标题发生了改变，是否是设置的文件名发生了改变？当打开网页文件时会发现，文件名依然是"zhengzhou"，但标签名称却变成了"changzhou"。因此，要注意在设置好文件名的时候，一定要在打开网页的第一时间在"页面属性"中进行文档标签的标题设置，否则难以区分是"zhengzhou"还是"changzhou"，尤其是在页面较多的情况下。

　　其他的分类类别，在随后的章节中会逐步进行深入的了解，此处仅介绍上述几个常用的分类选项。

第 四 章

创建网页

任何一个网站，都是由一个个的网页组成的，网页是网站的基本元素。而网页又是由许多不同的元素构成的，例如前述的文本及图像，还有很多其他元素在本章中都将有所涉及。

第一节　创建基本网页

文本是网页中必不可少的元素之一，恰当地运用文本不仅可以使网页变得更加美观，而且能充分表达设计者想要传递的信息。

一、插入文本

在 Dreamweaver 的各个版本中，插入文本主要有直接输入和从其他文档中复制文字两种方式。

直接输入文本时，打开建立好的"zhengzhou"网页文件，将标签标题换回"zhengzhou"，与文件名保持一致，其他选项保持不变，直接输入文字即可（见图4-1）。

从其他网页文档中复制粘贴文本时，会出现如图4-2所示界面。

图 4-1　文本输入界面

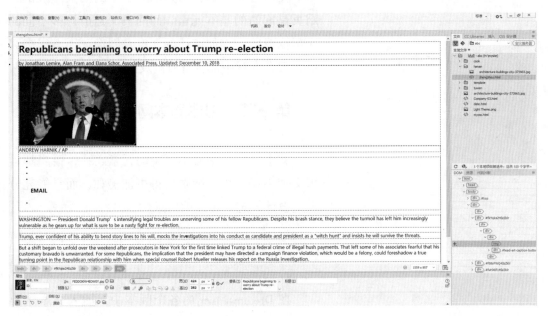

图 4-2　粘贴文档效果

在复制网页时，一般做简单的拖选，然后复制粘贴。但将网上的文本复制在软件中时，会出现众多类似表格的东西。这种类似表格的东西，是网页构图的基本，所有的网页都是在一定的表格中完成的。

二、设置文本格式

文本格式，一般有样式，也就是字体、字体大小和颜色等属性。三项属性的操作方式如下：

打开素材库中的"Company-01"文件及"Company-02"文件。其中，"Company-01"为未设置文本格式的效果（见图4-3），"Company-02"为设置文本格式后的效果（见图4-4）。

图 4-3 Company-01

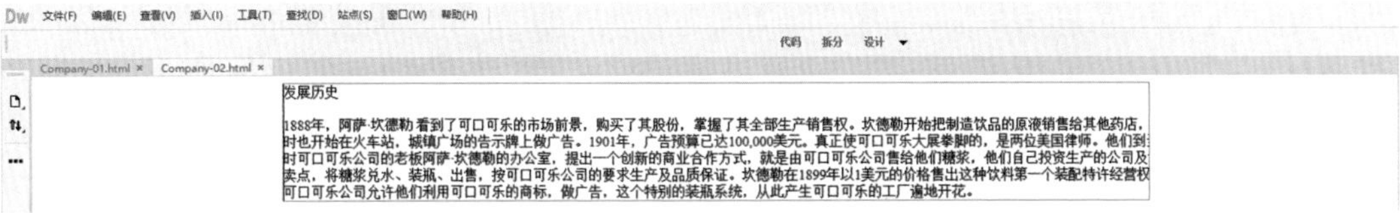

图 4-4 Company-02

从"Company-01"中可以看出，该段文字并未显示完整，究其原因是在新建页面时未设置页面的尺寸。在设计界面的右下角区域的 ⊘ 1191 × 590 ∨ 🖼 显示的尺寸是1191×590，软件默认单位为像素，点开下拉菜单后，会出现多种选项。以1024×768为例，在菜单栏中，点击插入 >table，如前所述，任何的网页文字都是在一定的表格内完成设置的，以图4-5为例。

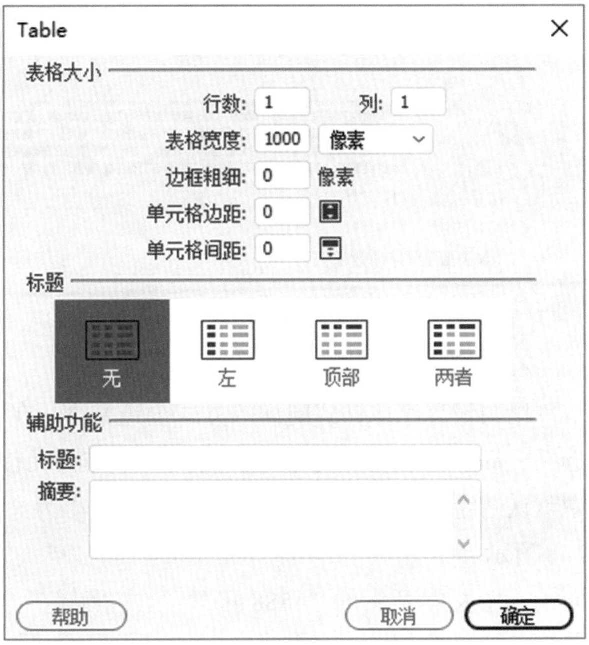

因为设置的尺寸是1024×768，意味着总长度只有1024像素的宽度，所以此处文本

图 4-5 Table 界面

宽度设置为 1000 像素，不要贴边，边框粗细设置为 0，表示没有边框，点击确定后，在界面的下方选择对齐方式为居中对齐，将滚动条拉至合适的位置后如图 4-6 所示。

图 4-6　效果视图

1. 设置字体样式

当前使用的是默认字体，首先选中文字，可以拖选，也可以按"Ctrl+A"全选，建议选用拖拽鼠标选中文字，拖选后在下方的字体选项窗口中，选择"微软雅黑"字体样式（见图 4-7）。

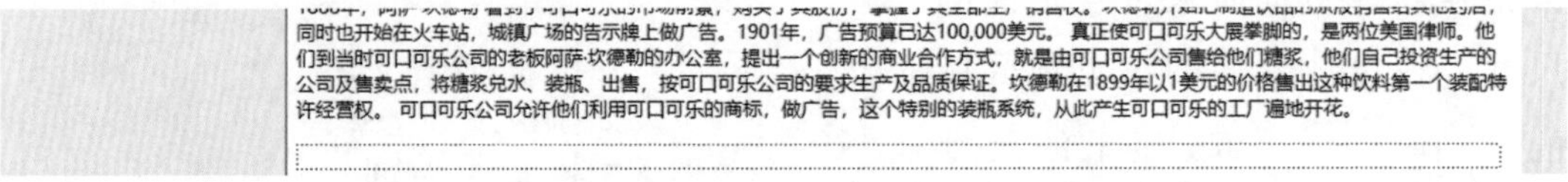

图 4-7　"微软雅黑"字体效果

2. 设置字体大小

以与设置字体样式同样的方式全选文本，在"字体样式"选项下的"大小"选项中，选择"medium"即中等字号，若此时字体并无任何改变，则可以确认，在 Dreamweaver 中默认的字体大小为中等。若设置字体大小为"large"，则是大号字体，显示效果如图 4-8 所示。

选中文本开头的"1888 年"，在"颜色"选项中设置为红色（见图 4-9）。设置后显示效果如图 4-10 所示。

图 4-8　大号字体效果

图 4-9　选中要标红的文字

图 4-10　红色字体效果

3. 设置标题

设置标题可以在文本的开始处按"Enter"键，或"Shift+Enter"组合键，具体的区别使用者可以自己尝试。这里以按"Enter"键为例。按"Enter"键后，输入"发展历史"字样，效果如图 4-11 所示。

图 4-11　添加标题效果

注意界面下方的"目标规则"，在没选中任何文本时显示为 < 内联样式 >，如果点开下拉菜单，就会出现其他选项。此处暂不对其他选项进行说明，在随后的标题设置过程中，可逐渐了解其中某些选项的效果。

选中"发展历史"，一般情况下标题字体都要比正文字体大，因此在字体的"大小"中选择"xx-large"，选择后效果如图 4-12 所示。

改变字体大小的并不只是想要设置的标题，包含设置的标题、正文在内的所有文字都改变了字体大小。按"Ctrl+Z"恢复前一步，在"目标规则"中的 < 内联样式 > 及其他选项的下拉菜单中选择 < 新建内联样式 >，再将"发展历史"的字体大小设置为"xx-large"后，效果如图 4-13 所示。

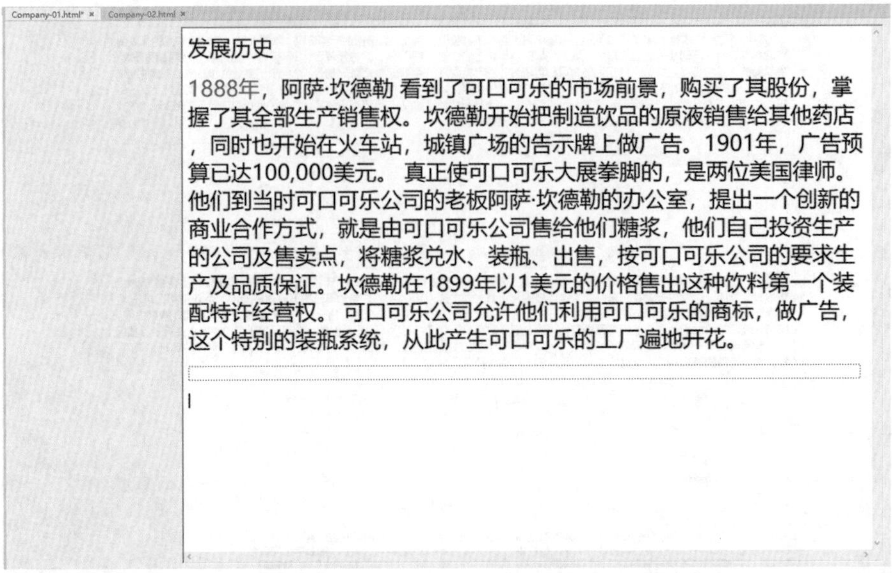

图 4-12　整体"xx-large"字体效果

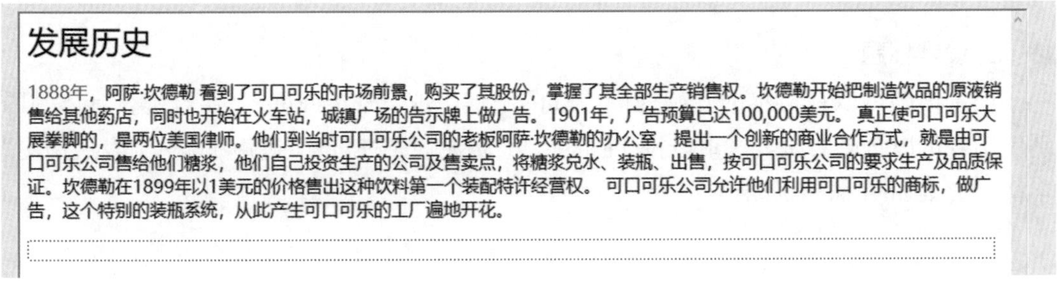

图 4-13　标题"xx-large"字体效果

　　另一种设置标题的方法是利用 HTML 语言设置，有兴趣的使用者可以自己尝试。

4. 设置列表

　　这里所说的列表和 Word 文档中的编号类似，打开素材库中的"Company-02"文件，另存为"Company-03"文件，保存至"mysite"的站点文件夹里。

　　随后选中需要设置列表格式的文本，此处将时间进行段落划分（见图 4-14），然后单击"属性"面板中的 〈〉 HTML 按钮，切换到 HTML 选项卡，单击面板中的项目列表按钮 ≔ ⅟≟ 可以进行设置（见图 4-15、图 4-16），既可以按照数字的编号设置，也可以按照形状的编号设置。

　　此时会出现一个问题，即明明设置了三个段落，却只有一个段落列表项。这是因为在设置回车的时候，没有注意到 HTML 的代码问题。

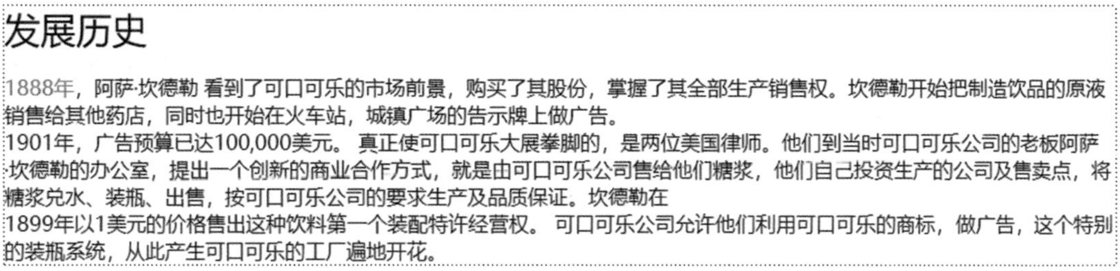
发展历史
1888年，阿萨·坎德勒 看到了可口可乐的市场前景，购买了其股份，掌握了其全部生产销售权。坎德勒开始把制造饮品的原液销售给其他药店，同时也开始在火车站，城镇广场的告示牌上做广告。
1901年，广告预算已达100,000美元。 真正使可口可乐大展拳脚的，是两位美国律师。他们到当时可口可乐公司的老板阿萨·坎德勒的办公室，提出一个创新的商业合作方式，就是由可口可乐公司售给他们糖浆，他们自己投资生产的公司及售卖点，将糖浆兑水、装瓶、出售，按可口可乐公司的要求生产及品质保证。坎德勒在
1899年以1美元的价格售出这种饮料第一个装配特许经营权。 可口可乐公司允许他们利用可口可乐的商标，做广告，这个特别的装瓶系统，从此产生可口可乐的工厂遍地开花。

图 4-14　段落划分

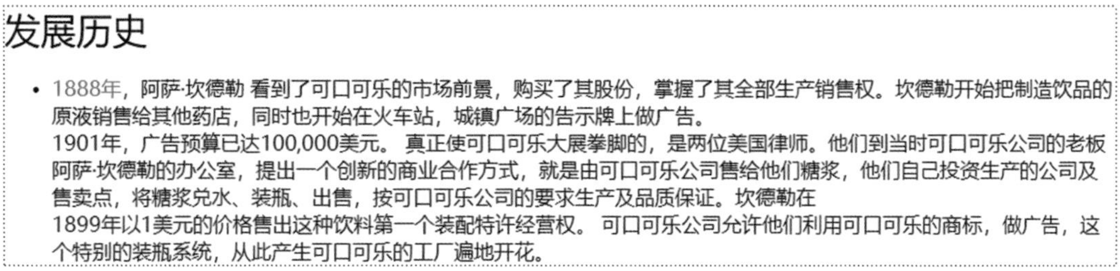
发展历史
• 1888年，阿萨·坎德勒 看到了可口可乐的市场前景，购买了其股份，掌握了其全部生产销售权。坎德勒开始把制造饮品的原液销售给其他药店，同时也开始在火车站，城镇广场的告示牌上做广告。
1901年，广告预算已达100,000美元。 真正使可口可乐大展拳脚的，是两位美国律师。他们到当时可口可乐公司的老板阿萨·坎德勒的办公室，提出一个创新的商业合作方式，就是由可口可乐公司售给他们糖浆，他们自己投资生产的公司及售卖点，将糖浆兑水、装瓶、出售，按可口可乐公司的要求生产及品质保证。坎德勒在
1899年以1美元的价格售出这种饮料第一个装配特许经营权。 可口可乐公司允许他们利用可口可乐的商标，做广告，这个特别的装瓶系统，从此产生可口可乐的工厂遍地开花。

图 4-15　形状编号设置效果

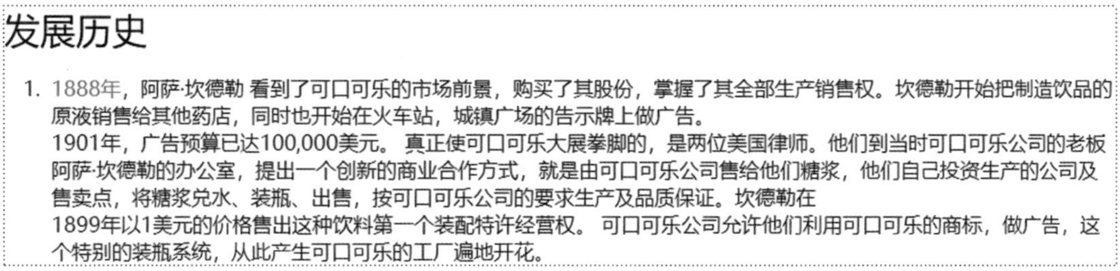
发展历史
1. 1888年，阿萨·坎德勒 看到了可口可乐的市场前景，购买了其股份，掌握了其全部生产销售权。坎德勒开始把制造饮品的原液销售给其他药店，同时也开始在火车站，城镇广场的告示牌上做广告。
1901年，广告预算已达100,000美元。 真正使可口可乐大展拳脚的，是两位美国律师。他们到当时可口可乐公司的老板阿萨·坎德勒的办公室，提出一个创新的商业合作方式，就是由可口可乐公司售给他们糖浆，他们自己投资生产的公司及售卖点，将糖浆兑水、装瓶、出售，按可口可乐公司的要求生产及品质保证。坎德勒在
1899年以1美元的价格售出这种饮料第一个装配特许经营权。 可口可乐公司允许他们利用可口可乐的商标，做广告，这个特别的装瓶系统，从此产生可口可乐的工厂遍地开花。

图 4-16　数字编号设置效果

重新打开“Company-02”文件，并转换成拆分视图（见图 4-17）。

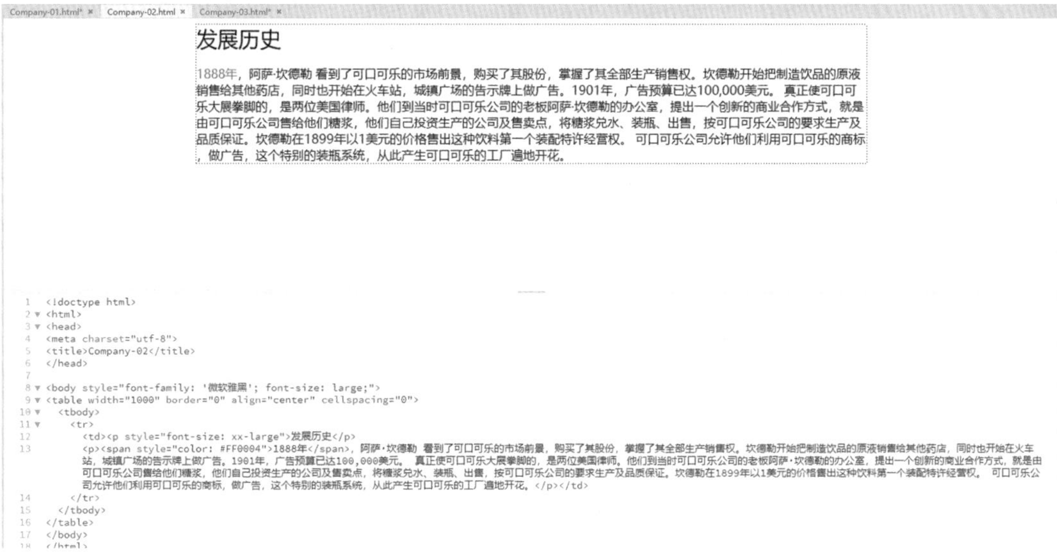
Company-01.html*
Company-02.html
Company-03.html*
发展历史
1888年，阿萨·坎德勒 看到了可口可乐的市场前景，购买了其股份，掌握了其全部生产销售权。坎德勒开始把制造饮品的原液销售给其他药店，同时也开始在火车站，城镇广场的告示牌上做广告。1901年，广告预算已达100,000美元。 真正使可口可乐大展拳脚的，是两位美国律师。他们到当时可口可乐公司的老板阿萨·坎德勒的办公室，提出一个创新的商业合作方式，就是由可口可乐公司售给他们糖浆，他们自己投资生产的公司及售卖点，将糖浆兑水、装瓶、出售，按可口可乐公司的要求生产及品质保证。坎德勒在1899年以1美元的价格售出这种饮料第一个装配特许经营权。 可口可乐公司允许他们利用可口可乐的商标，做广告，这个特别的装瓶系统，从此产生可口可乐的工厂遍地开花。
<!doctype html>
<html>
<head>
<meta charset="utf-8">
<title>Company-02</title>
</head>
<body style="font-family: '微软雅黑'; font-size: large;">
<table width="1000" border="0" align="center" cellspacing="0">
<tbody>
<tr>
<td><p style="font-size: xx-large">发展历史</p>
<p><span style="color: #FF0004">1888年</span>，阿萨·坎德勒 看到了可口可乐的市场前景，购买了其股份，掌握了其全部生产销售权。坎德勒开始把制造饮品的原液销售给其他药店，同时也开始在火车站，城镇广场的告示牌上做广告。1901年，广告预算已达100,000美元。 真正使可口可乐大展拳脚的，是两位美国律师。他们到当时可口可乐公司的老板阿萨·坎德勒的办公室，提出一个创新的商业合作方式，就是由可口可乐公司售给他们糖浆，他们自己投资生产的公司及售卖点，将糖浆兑水、装瓶、出售，按可口可乐公司的要求生产及品质保证。坎德勒在1899年以1美元的价格售出这种饮料第一个装配特许经营权。 可口可乐公司允许他们利用可口可乐的商标，做广告，这个特别的装瓶系统，从此产生可口可乐的工厂遍地开花。</p></td>
</tr>
</tbody>
</table>
</body>
</html>

图 4-17　拆分视图

若再对设计视图进行回车操作，可以看到第一个段落的结尾有个 </p> 的符号（见图 4-18），但当用另一种方法进行回车，即按"Shift"加回车时，出现的 HTML 代码是
（见图 4-19）。

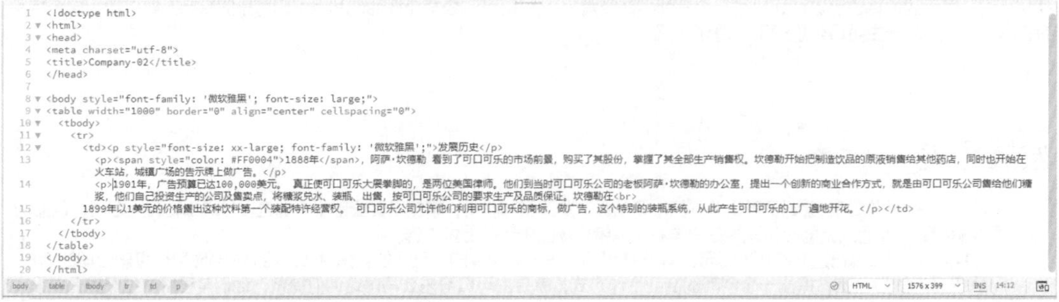

图 4-18　</p>

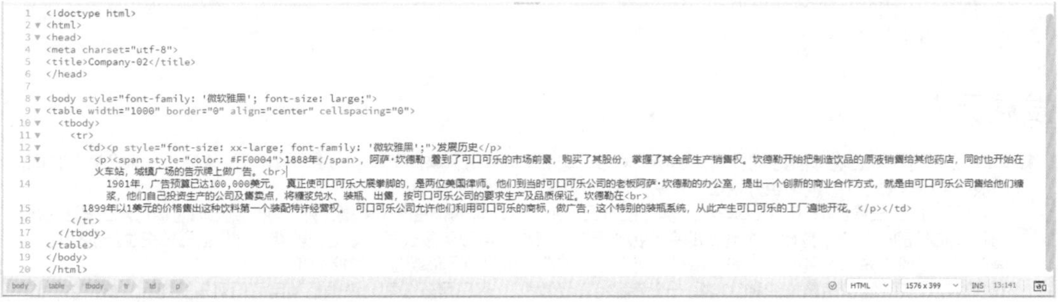

图 4-19　

再次进行项目编号时，不难看出，直接按回车编号是按照段落区分的，而按"Shift"加回车时，无论分几段，都只有一个项目编号，这就涉及一个
 代码的问题。

此时可以关闭"Company-02"文件，不进行保存，切换回"Company-03"文件。

回想一下，在前述的 HTML 语言规则中，凡是 HTML 代码，都必须有开头和结尾，比如 <body> 和 </body>，但是当找寻这段网页代码时，却发现
 后并没有出现 </br> 的样式。这是因为
 代码在 HTML 中算是一个比较特殊的存在，仅在 HTML 中可以理解为"可以单独地存在"一种意思。
 代码与 <p> 代码的区别如表 4-1 所示。

表 4-1　
 代码与 <p> 代码的区别

标签	说明
 	插入一个换行符，而不会创建一个新的段落
<p>	创建独立的段落

　　
 和 <p> 标签就如同 Word 中的分节符和分页符一样，不再赘述其原理。已知回车的两种方式分别代表不同的代码属性，就可以进行自己的操作了。此处目标是按照年份区分一、二、三段落，显然需要使用 <p> 标签，即直接按回车键。设置效果如图 4–20 所示。

发展历史

1. 1888年，阿萨·坎德勒 看到了可口可乐的市场前景，购买了其股份，掌握了其全部生产销售权。坎德勒开始把制造饮品的原液销售给其他药店，同时也开始在火车站，城镇广场的告示牌上做广告。
2. 1901年，广告预算已达100,000美元。真正使可口可乐大展拳脚的，是两位美国律师。他们到当时可口可乐公司的老板阿萨·坎德勒的办公室，提出一个创新的商业合作方式，就是由可口可乐公司售给他们糖浆，他们自己投资生产的公司及售卖点，将糖浆兑水、装瓶、出售，按可口可乐公司的要求生产及品质保证。坎德勒在
3. 1899年以1美元的价格售出这种饮料第一个装配特许经营权。可口可乐公司允许他们利用可口可乐的商标，做广告，这个特别的装瓶系统，从此产生可口可乐的工厂遍地开花。

图 4–20　设置效果

三、插入日期和时间

　　保存并关闭"Company-03"文件，在站点内新建"date"的 HTML 文件。

　　在制作网页的过程中，最主要的步骤就是通过不断地插入新元素，来构成一个完整的网页。本小节主要介绍如何插入一些常用元素，以便让使用者熟悉插入的命令。

　　在菜单栏中的插入菜单，插入 >HTML> 日期（见图 4-21）。

　　单击后就会出现"插入日期"的对话框（见图 4-22）。

图 4–21　插入指令

对话框中的"星期格式"和"时间格式"都有相应的下拉菜单，可以自行选择想要的格式。例如，按照中国人的习惯，通常采用的是年月日时分秒，因此进行简单的选择后就可以单击"确定"，网页中显示的就是当前的时间（见图 4-23）。注意勾选"储存时自动更新"。

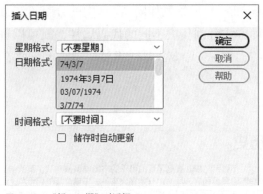

图 4-22 "插入日期"对话框

图 4-23 当前时间

编辑状态下的时间是无法自动更新的，那么预览状态下的时间是否能自动更新呢？为此，在保存后按 F12 快捷键进行预览，结果显示时间并没有改变。这是因为目前在 Dreamweaver 中制作的网页都是静态网页，不同网页可能会因保存上的时间差而产生差异，但不会实时更新，如果要实时更新，则需要别的相关软件进行辅助操作，后面的章节会涉及这部分内容，这里不再赘述。

四、插入水平线

水平线的作用不仅是一条线，有时候还可以起到分割版面的作用，使文档结构清晰、层次分明，从而便于浏览。

在上一小节的 date 文件中，将光标移至时间结尾处，插入 >HTML> 水平线，显示效果如图 4-24 所示。

可以看出，这条水平线是直接跨越页面宽度的，单击选中水平线进行相关属性操作，可以设置线的长度。单击水平线后水平线本身并没有什么变化，但下面的"属性"面板会出现相应的属性（见图 4-25）。

图 4-24 插入水平线指令

图 4-25 "属性"面板

例如，设置宽 500 像素、高 5 像素、左对齐、取消阴影效果，最终预览效果如图 4-26 所示。

图 4-26 水平线效果

操作到此时，水平线还未设置颜色属性，如果想要改变颜色属性，就必须结合 HTML 代码进行改变。

按回车键另起一行，同样设置相同属性的水平线，并切换到代码视图（见图 4-27）。

当选中第二条水平线后，在代码中就会出现蓝色选框。下面进行颜色的变换。可以看到目前的属性有向左对齐、宽度 500 像素及高度 5 像素，同时还有没有阴影效果的选项，在 "noshade='noshade'" 后按空格键，会出现一些相关的代码，选中 "color" 标签，会出现颜色选项，这里以红色为例，最终效果如图 4-28 至图 4-30 所示。颜色模式选择 Hex（#FF0000）后回车即可。

```
1    <!doctype html>
2  ▼ <html>
3  ▼ <head>
4    <meta charset="utf-8">
5    <title>无标题文档</title>
6    </head>
7
8  ▼ <body>
9    2019年4月27日
10   <hr align="left" width="500" size="5" noshade="noshade">
11   <hr align="left" width="500" size="5" noshade="noshade">
12   <p> </p>
13   </body>
14   </html>
15
```

图 4-27　代码视图

```
1    <!doctype html>
2  ▼ <html>
3  ▼ <head>
4    <meta charset="utf-8">
5    <title>无标题文档</title>
6    </head>
7
8  ▼ <body>
9    2019年4月27日
10   <hr align="left" width="500" size="5" noshade="noshade">
11   <hr align="left" width="500" size="5" noshade="noshade" >
12   <p> </p>                                    aria-
13   </body>                                          class
14   </html>                                          color
15                                                    contenteditable
```

图 4-28　"color" 标签

```
1    <!doctype html>
2  ▼ <html>
3  ▼ <head>
4    <meta charset="utf-8">
5    <title>无标题文档</title>
6    </head>
7
8  ▼ <body>
9    2019年4月27日
10   <hr align="left" width="500" size="5" noshade="noshade">
11   <hr align="left" width="500" size="5" noshade="noshade" color="">
12   <p> </p>                                    Color Picker...
13   </body>
14   </html>
15
```

图 4-29　颜色选项

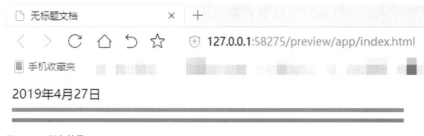

图 4-30 红色效果

五、插入特殊字符

在一些实际的网页中，需要添加诸如ⓒ或ⓡ之类的特殊符号，此时就需要进行特殊字符的添加。插入 >HTML> 字符，就会出现一些常用的特殊字符。表 4-2 列出的是一些常用字符。

表 4-2　常用字符

字符名称	字符样式
版权	ⓒ
注册商标	ⓡ
商标	TM
左引号	"
右引号	"
长破折线	—
短破折线	–

第二节　创建图文网页

美观的网页通常图文并茂，精美的图片不仅可以使网页更加生动，而且可以使网页变得丰富多彩。

一、插入图像

关闭上述的 date 网页文件，在操作界面右边的站点目录下，右击新建文件夹，命名为"tuwen"，并在"tuwen"文件夹中新建网页文件，同样命名为"tuwen"。创建完成后双击打开"tuwen"网页文件。

图像格式虽然有很多种，但是对于网页上的图像，支持的格式却不多。一般情况下，JPG/JPEG、GIF 和 PNG 是最为常见的几种，SVG 及 PSD 则是在最近几个版本才出现的。

打开素材库中的"4-2"文件夹，将素材里面的"lvye"文件复制到新建的文件夹"tuwen"中，并以插入 >image（图像）进行图片的插入操作，具体效果如图 4-31 所示。

图 4-31　插入图片效果

如果没有进行复制操作，就会出现如图 4-32 所示的对话框。现在将素材文件夹"4-2"中的"lvye-2"文件夹直接插入，就会出现如下提示（见图 4-32）。

如果进行否定选项的操作，同样插入图片，在编辑状态下也会呈现图片（见图 4-33）。

但进行预览时，会出现如图 4-34 所示的效果。

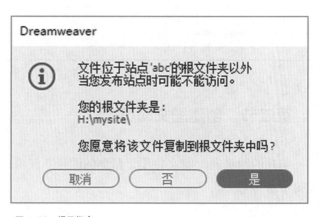

图 4-32　提示指令

未进行复制到站点的图片，将不会被显示。因此，在进行网页设计的时候，一定要注意是否素材都在同一文件夹内。

至于其他格式的图像特点，使用者可自行了解。

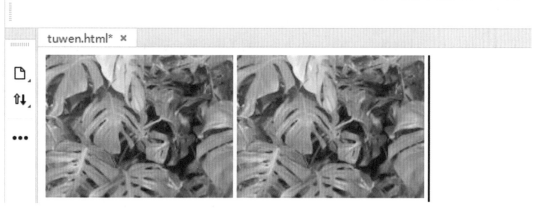

图 4-33　否定选项效果

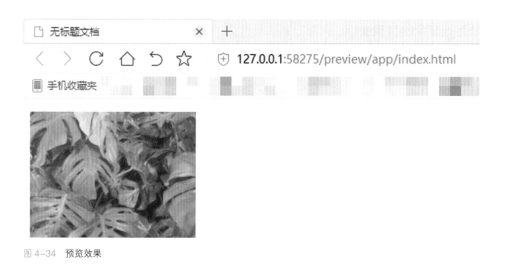

图 4-34　预览效果

二、设置图像属性

将未复制到站点的图像文件删除，单击复制到站点文件的图像文件，界面下方的属性栏就会出现对应图像的相应属性（见图 4-35）。

图 4-35　"属性"面板

可以看到，可供修改的属性很少。因为目前的 Dreamweaver 版本，对于图像的处理，必须基于 CSS 技术，这在后面的章节会涉及，这里不再赘述。

三、插入图像占位符

在进行网页设计的时候，有可能因为长时间无法找到合适的图片致使进度停滞，此时就需要插入图像占位符。图像占位符的作用就是临时顶替后期真正图片的位置。

在 Dreamweaver CC 的版本中，不再提供一种内置的特性用于创建图像占位符，但是可以使用代码直接创建。

（1）切换到拆分视图，按回车键另起一行。

（2）按组合键"Ctrl+T"，打开"快速标签编辑器"（编辑 > 快速标签编辑器）。

（3）快速标签编辑器出现后有标签列表，输入"img"，并按空格键。

（4）输入"ID='sidebar' src='' width ='200' height='200' alt='alternate text goes here'"，并按回车键，插入图像占位符（见图 4-36）。"alternate text goes here"是此处显示的替换文字。

此时，在原来图像的下方就会出现"sidebar（200×200）"的字样，说明这里存在200×200 像素的图像占位符。

图 4-36　占位符效果

第 五 章

使用层叠样式表

目前依据 Web 标准设计的页面会将内容与格式化效果分开。格式化效果储存在层叠样式表，即前面所说的 CSS 中，可以为特定的应用程序和设备实现快速更改和替换。因此，如果想要深入学习网页制作，这一章节是重点。

第一节　预览层叠样式表效果

关闭前述新建的"tuwen"文件，在素材库中打开"5"文件夹内的"layout_finished"网页文件（见图 5-1）。

按 F12 快捷键进行预览，当鼠标经过有超链接的文本时，会显示出不同的背景及文本颜色，然后关闭"layout_finished"网页文件。

第二节　定义层叠样式表

要想在 HTML 中使用层叠样式表（CSS），首先要对 CSS 进行定义。在 Dreamweaver 中，可以编写代码或利用相应的面板进行定义。

图 5-1　网页视图

一、认识 CSS 面板

对于初学者来说，直接从代码入手编辑 CSS 几乎是一件不可能完成的事情，因此 CSS 面板为初学者提供了强有力的帮助。

在 Dreamweaver 中，CSS 面板位于右侧的窗口，和文件面板在同一位置 文件　插入　CSS 设计器 ，如果没有显示，也可按照窗口>CSS 设计器进行操作使其显示。在站点文件夹内，新建"mycss"网页文件并打开，此时在 CSS 面板中并未显示任何内容，其原因在于两点：一是没有内容；二是没有对需要编辑的内容进行 CSS 样式的编辑。

二、使用 CSS 设计器

打开素材库中的"layout_finished"网页文件，并从窗口 >CSS 设计器中打开 CSS 设计器。

CSS 设计器具有如图 5-2 所示的几个窗格，用于显示 CSS 结构和样式的不同方面。在"源"的窗格中，能够看到 <style> 标签，将指示样式表嵌入文档的 <head> 区域中。

切换到代码视图，并定位 <head> 区域（开始第 3 行）。定位元素 <style type="text/css">（第 6、7 行），并检查随后的代码条目（见图 5-3）。列表中显示的所有 CSS 规则都包含在 <style> 内。

图 5-2　CSS 设计器设置面板

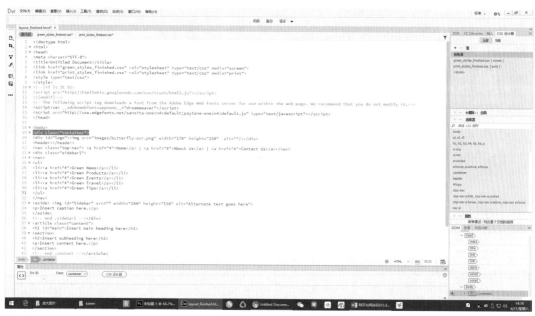

图 5-3　代码视图

　　如果没有看到行数，按照查看 > 代码视图选项 > 行数，启用行数的选项。

　　注意 CSS 代码内的选择器名称和顺序。在"CSS 设计器"的"选择器"窗格中，显示的是已有的规则列表。

在 CSS 设计器中选择 body 规则。右击转至代码，尝试将 "background-color" 的色值 #FFF 修改成 #333333 或任意颜色，如果可以，切换回设计视图观察变化。同时，将第 5 行的 "color" 一并进行颜色修改，观察其变化。修改后可能观察到的结果是，无论怎样改变，"Green News" 那一列的文字都不会改变。

CSS 虽然功能强大，但对于初学者来说的确不容易，因此本章仅做了解。另外，在现如今网页设计的需求上，CSS 也逐渐成为后台人员的操作技能。本书针对的是视觉化设计的内容，如果需要深入了解 CSS，请参考其他书籍进一步学习。

第 六 章

使用表格布局

表格是 Dreamweaver 软件中最常用的布局网页的工具之一。使用表格不仅可以制作简单的图表，而且可以控制页面的整体布局。

第一节　表格的基本概念

新建文件，任意命名，插入 >table（Ctrl+Alt+T），将会显示表格属性的对话框（见图 6-1）。

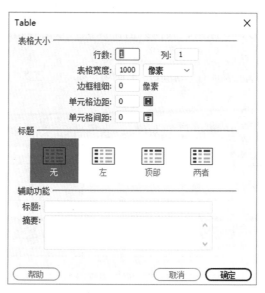

图 6-1　Table 界面设置

表格的概念大家应该都不陌生，以 4 行、5 列，表格宽度为 200 像素，边框粗细为 1 像素，单元格边距和间距都为 0 进行设置（见图 6-2）。图 6-2 所示即为按照设置的数值绘制出来的表格。

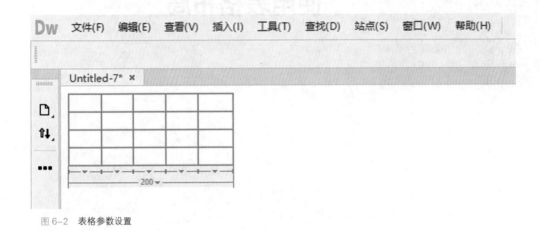

图 6-2　表格参数设置

一、添加表格内容

创建表格后，即可在表格内添加相应的内容，可以是文字或者图片。文字直接添加即可，图片要注意其是否和网页文件保持在同一目录内。

二、插入嵌套表格

所谓嵌套表格，是在已有的表格内再插入一个表格。根据前述的尺寸，设置一个除宽度为 300 像素，其他数值都保持一致的表格进行插入（见图 6-3）。

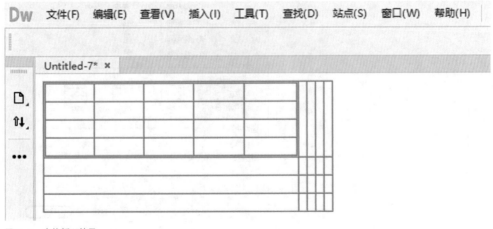

图 6-3　表格插入效果

如果并未发现差别，可以按回车键在下一行插入初次设置数值的表格，再看效果（见图 6-4 ）。

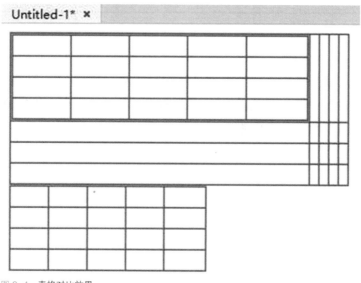

图 6-4　表格对比效果

可以看出，最终表格的宽度是由最后一次插入表格的宽度所决定的，因此在设计网页的时候，一定要合理规划好尺寸。

第二节　表格属性的设置

为了产生更好的视觉效果，通常还需要对表格进行相应的属性设置，下面就对一些主要属性进行介绍。

首先，删除两个表格，重新设置宽度为 1000 像素的表格（见图 6-5 ）。

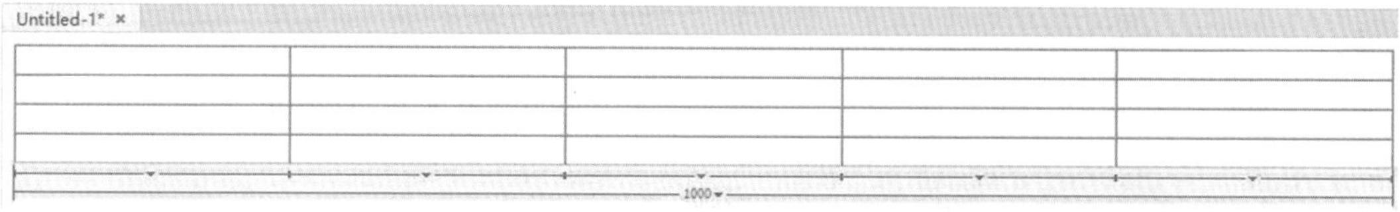

图 6-5　新设置效果

在选中表格的同时，可以看到表格的"属性"面板中的相关内容（见图 6-6 ）。

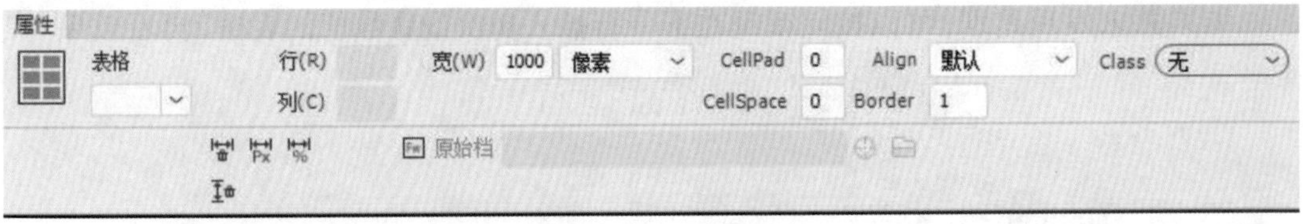

图 6-6 “属性”面板设置

对齐（Align），有默认对齐、左对齐、居中对齐及右对齐。尝试设置居中对齐，并把行数和列数都设置为 2。可以看到，在属性设置中，并没有高度相关的属性，但是在代码的界面中，可以看到高度的属性（见图 6-7）。

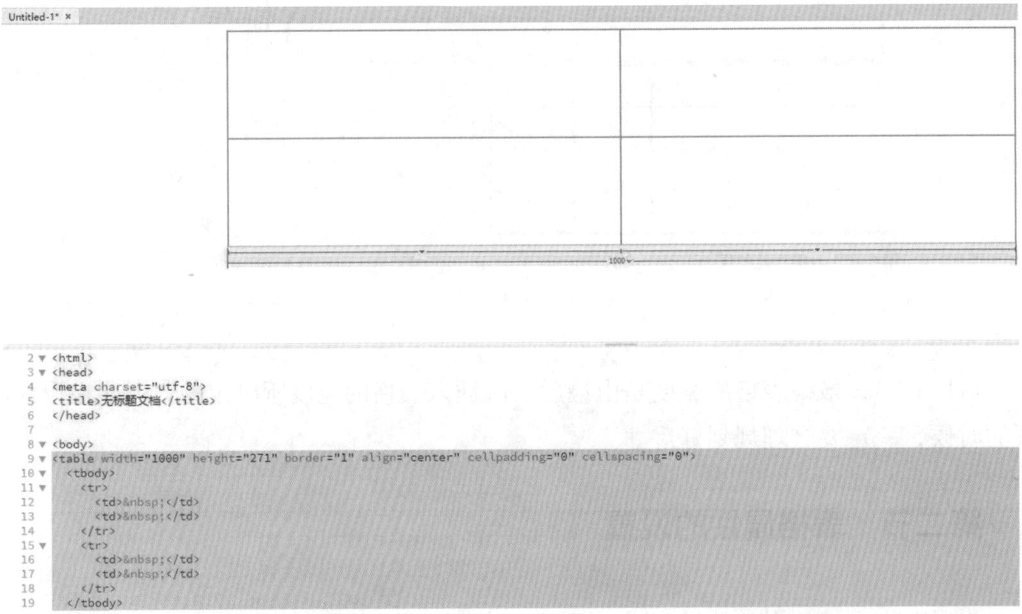

图 6-7 效果

随意拉动表格，高度也在随之变化。将表格更改为 3 × 3 九宫格，分别输入数字 1~9（见图 6-8）。此处将高度设置为 300 像素，读者可以自定。

1	2	3
4	5	6
7	8	9

图 6-8 表格效果

当选中表格时，会出现表格的相关属性。当选中表格中的文字时，则会出现表格中文字的相关属性。若没有表格的限制，这些属性是不存在的。因此可以说，设置任何相关的文字属性，都与表格有关。

选中文字后，会出现如图 6-9 所示界面。

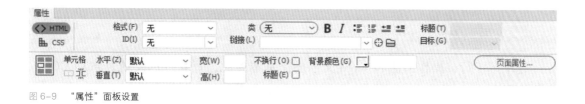

图 6-9　"属性"面板设置

将数字 1~9 分别设置在表格的相应位置，如数字 1 设置为水平左对齐、垂直顶端对齐，最终效果如图 6-10 所示。

1	2	3
4	5	6
7	8	9

图 6-10　数字效果

这里需要说明的是，在选中表格时，有 及 这样的参数，需要引起重视。

有两个参数，用作清除行高和列宽，是将表格的宽度转换为像素，则是转换为百分比。其他的参数读者可以自行学习。

第三节　使用表格布局网页

练习 1：列车时刻表

删除现有表格，保存为"6-3- 列车时刻表"，随后进行简单的表格应用。首先，进行页面的设置，字体设置为宋体，大小设置为 16px。

新建一个 5 列 ×8 行的表格，第 1 行为标题行，填充和间距均设置为 2，边框设置为 1（见图 6-11）。

列车时刻表

图 6-11　列车时刻表中表格设置效果

选中第 1 行，操作方法和 Word 文档操作基本类似，背景颜色设置为 #CCCCCC，宽度设置为 200。按照车次、发站、到站、开车时间及到站时间进行设置（见图 6-12）。

1000
200 (192)　200 (190)　200 (190)　200 (191)　200 (193)

列车时刻表

车次	发站	到站	开车时间	到站时间
K8252	青岛	烟台	06:00	10:12

图 6-12　列车时刻表中文字设置效果

练习 2：居家装饰

将素材库中“6-3”文件夹里的“image”文件夹复制到自己建立的站点内，在站点内命名一个文件夹“interior design”，将“image”文件夹复制到该目录下。

（1）创建一个文档并命名为“interior design”，打开该文档，设置页面属性，字体为宋体，大小为 14px（见图 6-13）。

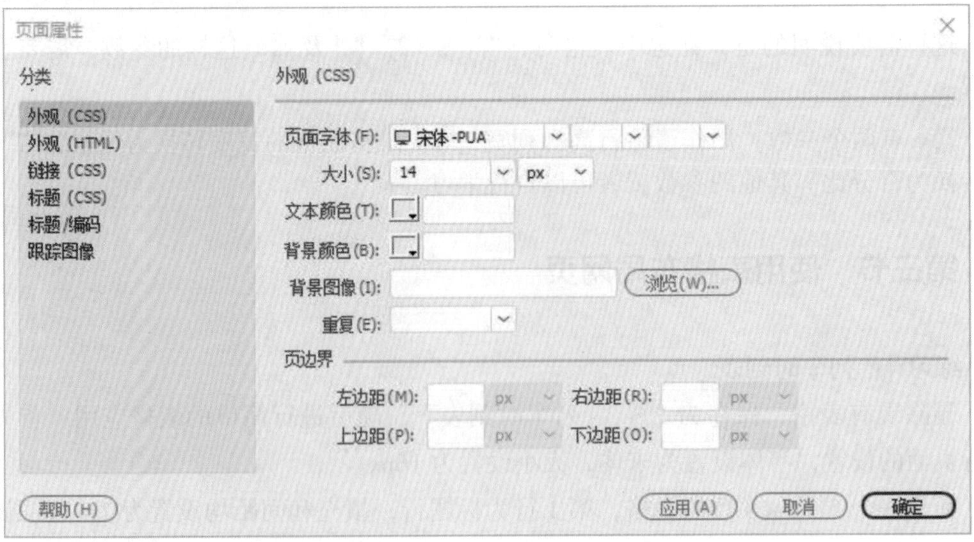

图 6-13　“页面属性”面板

（2）插入 > 表格（table），插入 1 行 ×1 列的表格，设置宽度为 780 像素，边距、间距及边框均设置为 0（见图 6-14）。

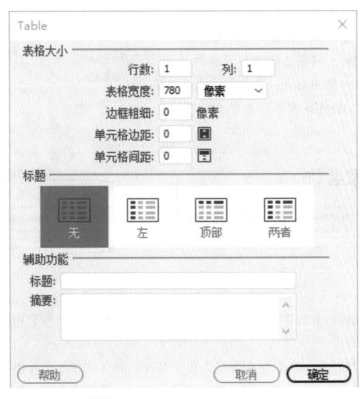

图 6-14　Table 属性面板

（3）将表格居中对齐，然后在单元格属性中，设置对齐方式为居中对齐，高度为 80（见图 6-15）。

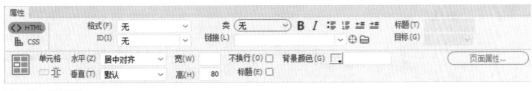

图 6-15　参数设置

（4）插入 > 图像（image）>logo.Gif（见图 6-16）。

图 6-16　图像效果

（5）将光标放置在表格后面，另起一行，以同样的方式插入一个 2 行 ×1 列的表格（见图 6-17）。

（6）将第 1 行的单元格的水平方式设置为居中对齐，高度设置为 45，插入"navigate"图片。将第 2 行的单元格的水平方式设置为居中对齐，高度设置为 30，然后插入 >HTML> 水平线（见图 6-18）。

图 6-17　参数设置

图 6-18　效果

（7）以同样的方式在另一行新插入一个 1 行 ×2 列且其他参数相同的表格，对齐方式选择居中对齐。

左侧单元格设置：水平对齐方式为居中对齐，垂直对齐方式为顶端对齐，宽度为 180，然后嵌套一个 9 行 ×1 列的表格，内容设置：办公装修、商场装修、展厅装修、医院装修、酒店装修、学校装修、装修材料、装修设计及装修施工，参数设置如图 6-19 所示。

图 6-19　参数设置

右侧单元格设置：水平对齐方式为居中对齐，垂直对齐方式为顶端对齐，宽度为 600，然后嵌入一个 3 行 ×4 列的表格，宽度为 100%，间距为 2。

（8）将右侧嵌套表格第1行进行合并，水平对齐方式为居中对齐，高度为150，然后插入 >HTML>flash swf，选择"jujia.swf"文件。

（9）第2、3行的所有单元格水平对齐方式为居中对齐，垂直对齐方式为居中，宽度设置为25%，高度设置为120（见图6-20）。

图 6-20　格式设置

（10）一次插入"01"~"08"图像文件，此时如果页面显示不完全，则切换至设计视图（见图6-21）。

图 6-21　设计视图

（11）另起一行继续插入3行×1列的表格，其他参数不变，边距、间距及边框均为0，对齐方式为居中对齐。

第 1 行与第 3 行的设置：水平对齐方式为居中对齐，高度为 30，然后输入相应的文本，第 1 行为"首页、公司概况、经营项目、工程案例、设计团队、质量保证、服务体系、装修论坛及在线订单"，第 3 行为"24H 热线咨询电话：4004004000 Tel：010-88888888 居家装饰有限责任公司 版权所有 2019"。

（12）第 2 行的设置：水平对齐方式为居中对齐，高度为 10，在单元格内插入"line"图像（见图 6-22）。

图 6-22　插入"line"图像效果

保存文件后按 F12 预览文件。

第四节　CSS 在网页中的应用

下面对上一章节的 CSS 部分进行设计演示，以帮助读者了解 CSS 的相关属性。

选中"办公装修"导航栏文字，右击 >CSS 样式 > 新建（见图 6-23）。

在"选择器类型"中选择"标签（重新定义 HTML 元素）"，单击确定，然后进行 CSS 规则的属性设置（见图 6-24）。

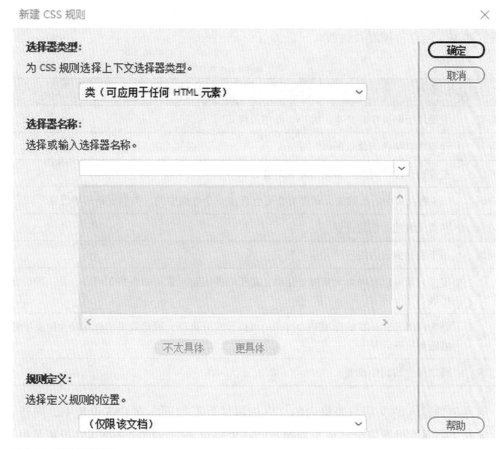

图 6-23　CSS 规则界面

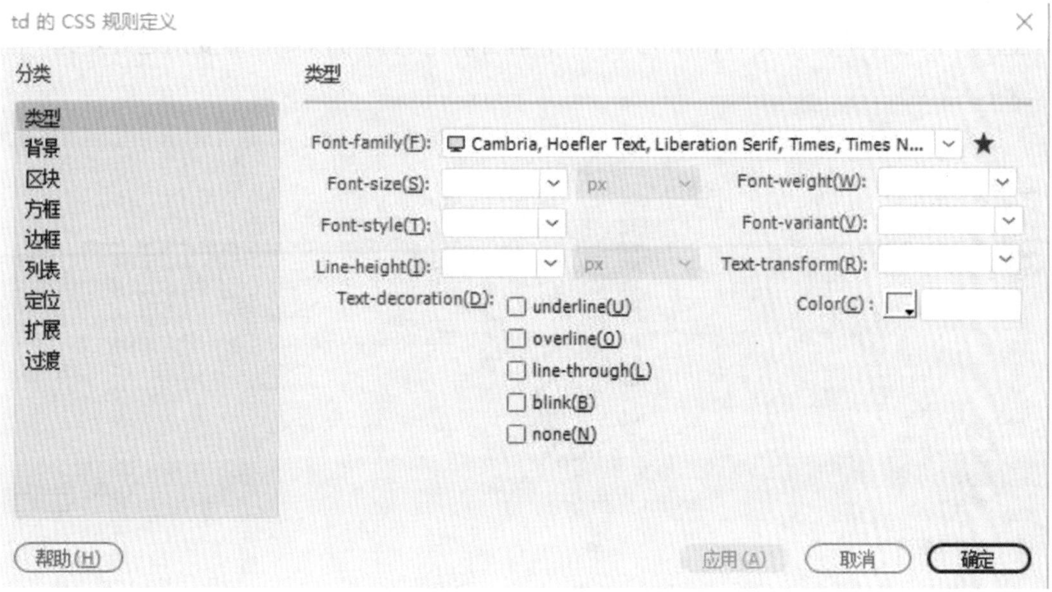

图 6-24　CSS 规则的属性设置

在 CSS 规则定义的属性对话框内，有九项内容，分别是类型、背景、区块、方框、边框、列表、定位、扩展及过渡（见表 6-1）。

表 6-1　属性及其作用

属性	作用
类型	主要用于网页中的文本、大小、颜色及样式等
背景	设置背景颜色或背景图像
区块	主要用于控制网页元素的间距、对齐方式等
方框	CSS 将网页中所有的块元素都看作是包含在一个方框中的，类似表格的单元格
边框	网页元素的边框的设置
列表	用于控制列表内的各项元素
定位	定位元素可以使网页元素随处浮动，对于一些固定元素（如表格）而言，是一种功能的扩展
扩展	分为两部分，分页的作用是为打印的页面设置分页符，视觉效果的作用是为网页中的元素施加特殊效果
过渡	可动画化的属性设置

前述单独输入的文字与表格内的文字的属性并不相同。在 CSS 设置中，同样不存在单独的文字属性设置部分，而是根据其所在表格设置的，因此文字属性设置是根据单元格进行的。

在前面的章节中提到，CSS 属性相当于批量修改。假设现在不想要宋体字，则可以进行字体的替换。随意选中一段文字，右击 >CSS 样式 > 新建。在"选择器类型"中选择"标签（重新定义 HTML 元素）"，单击确定后就可以对 CSS 规则进行定义（见图 6-25）。

图 6-25　定义规则

选择微软雅黑字体，14px 加粗（见图 6-26）。

图 6-26　字体效果

如果想要导航栏的九个项目字体变大一号，同样需要建立 CSS 规则，这次选择"类（可应用于任何 HTML 元素）"，选择器名称为".navigate"，单击确定。选择相应的属性，选中字体所在的单元格，在"类"一项下拉，选择"navigate"，导航栏就会出现 CSS 相应的规则（见图 6-27）。

图 6-27　规则设置界面

这就是 CSS 在网页中的简单应用，关于 CSS 其他的功能读者有兴趣可自行学习。

第 七 章

创建表单网页

现阶段，几乎每个网站都包含表单网页，它是一种非常有效的收集浏览者反馈信息的方式。既然是反馈，那么就属于一种动态网页。设置这样的动态网页需要两个步骤，一个是创建表单网页，另一个是设置应用程序。

第一节　表单域

新建 HTML 文档，切换到设计视图，保存网页到站点，命名为"myform"，插入 > 表单 > 表单即可（见图 7–1）。

红色方框内区域即为表单区域，所有的表单对象都要插入该区域，才能使服务器正确处理用户所填的信息内容。

第二节　添加表单对象

Dreamweaver 的表单对象很多，本章节只讲一些常用的。

图 7-1　设计视图

一、添加文本字段

文本字段是表单最常使用的，在文本字段中，可以输入任意的字母或字符。插入 > 表单 > 文本，将会出现默认文本字段（见图 7-2）。

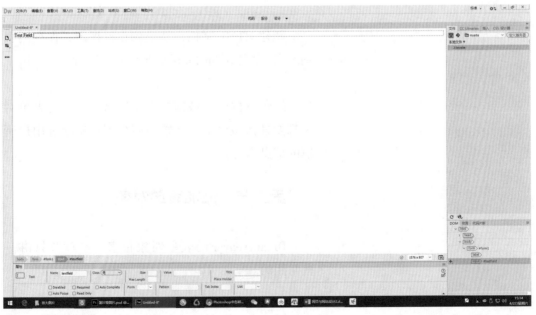

图 7-2　文本默认字段

将"Text Field"改为"用户名",保存并预览。尝试输入字符,都可以显示。同理,另起一行分别插入密码和邮件,尝试输入字段。

二、添加文本区域

输入文本字段时,其属性只能设置长度,不能设置高度,而文本区域能解决这一问题。插入文本区域,设置相应的属性,即可输入大段文字。这里的长度与高度分别是 rows 与 cols,rows 代表在实际页面中显示的行数,cols 则代表每行所含的字数。

三、添加单选框

调查问卷经常涉及单选,例如"性别"的选择,在此进行简单的练习。事先输入"性别:男女"文本,在"男""女"文本前后各插入一次单选框。但是预览的时候,却发现两个都能选择,这时应该使用单选按钮组。因为性别是一个组,其中男女是部分。复选框同理,此处不再赘述。

四、添加列表 / 菜单

即使网页的高度不限,仍存在这样一种情况,即在有限的空间内,需要显示多项信息,这时列表 / 菜单就显得尤为重要。另起一行,输入职业,插入 > 表单 > 选择,单击下拉菜单的图样,找到属性栏中的 列表值… ,单击打开。对项目标签进行设定,输入一个职业再按"+"添加下一项。以"军人""教师""公务员""学生"四个为例,后面的"值"此处用不到,可以不进行设置。

五、添加按钮

插入 > 表单 > 提交,此处的提交按钮可以更改文本名称。单击提交按钮后,可以看到显示为提交,尝试更改为注册。

六、用户注册

学习了表单的各种应用项目之后,接下来进行一个综合的训练,即用户注册界面的设置。

具体步骤如下:

（1）在居家装饰的目录下新建 HTML 文件，命名为"用户注册"。插入 2 列 ×
20 行，宽为 1000 的表格，其他参数设置如图 7-3 所示。

图 7-3　参数设置

（2）表格页面居中，选择左侧列，设置宽度为 320，设置右侧列宽度为 640（见图 7-4、图 7-5）。

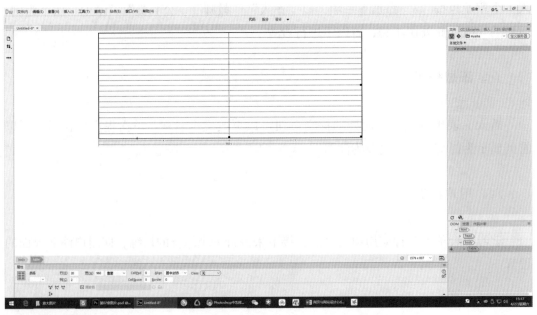

图 7-4　属性面板设置

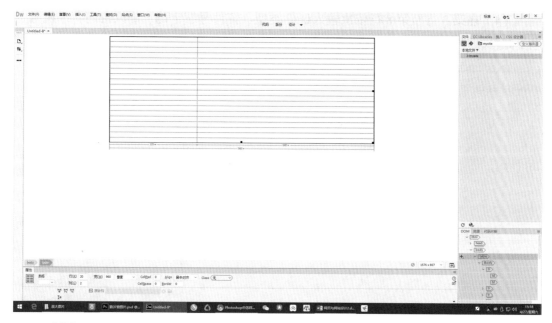

图 7-5　表格效果

（3）框选第 1 行的左右列，右击 > 表格 > 合并单元格，并输入"账号信息"，切换至 HTML 属性面板选择标题 2。以同样的方式合并第 2 行，设置行高为 10，插入水平线（见图 7-6）。

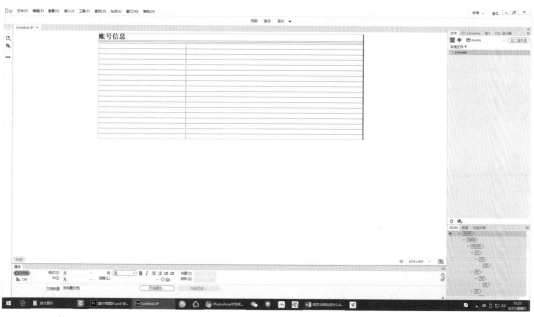

图 7-6　设置效果

（4）在第 3 行至第 8 行依次输入证件类型、证件号、密码、确认密码、手机号、电子邮箱，并靠右对齐，设置行高为 35（见图 7-7）。

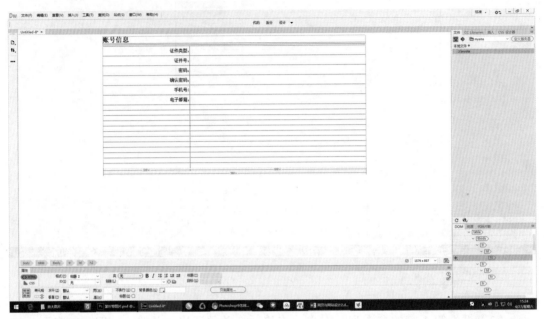

图 7-7　表格中文字效果

（5）以证件类型为例，先在右侧列插入表单域，再插入列表，删除 select 文本。以同样的方式在证件号右侧列插入表单域，再插入文本表单（根据实际情况，身份证号已经不再是单纯的数字，因此不宜插入数字表单），长度设置为 300，完成后效果如图 7-8 所示。

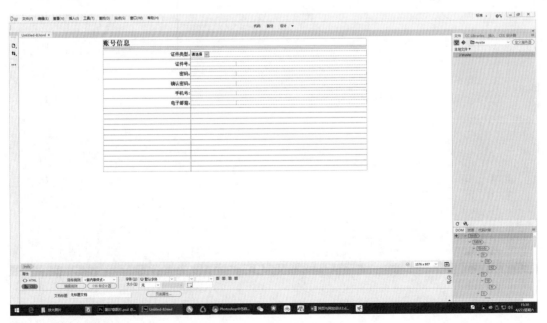

图 7-8　表格中选项效果

（6）合并第9行和第10行，其中，第9行输入个人信息，按账号信息设置同样的属性；第10行插入水平线，其他参数不变。接下来的左侧5行分别输入姓名、性别、出生日期、民族及籍贯，按照第3行至第8行的参数设置。在插入出生日期的表单时注意，直接选择日期选项即可，无须在插入月份表单后再插入日期，选中日期的表单项可查看属性。

（7）像民族与籍贯这样固定且数量多的表单项，可以从网上直接下载，这里先列举一部分，主要是为了查看效果，有兴趣的读者可以从网上下载完整版的相应表单选项。

（8）完善剩余信息，最终效果如图7-9所示。

注意：在插入每个表单域时，最好命名ID名称，后期添加行为时会用到。

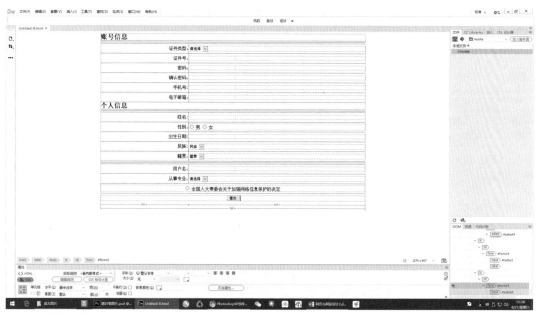

图7-9　表格最终效果

第 八 章

设置超链接

超链接使互联网成为一个内容丰富的整体。本章将介绍在网页中创建和设置超链接的基本方法。

第一节　链接的相关概念

绝对路径：绝对路径提供链接文档的完整URL，其中包括所使用的协议。例如，http://news.cctv.com/2019/01/07/ARTItCMKt1l15hjdIvMMCt7A190107.shtml，就是一个网页文件的完整路径。绝对路径也有可能是一个图片地址，如 https://images.pexels.com/photos/1074442/pexels-photo-1074442.jpg。在一个站点链接其他站点上的文档时，通常使用绝对路径。

相对路径：相对路径的基本思想是省略对于当前文档和所链接的文档都相同的绝对路径部分，例如 dreamweaver/content.html。对于大多数本地站点的本地连接来说，相对路径最为合适。

第二节　文本的超链接

　　链接是相对于一个网页到另一个网页的，因此链接都应在网页内部完成。打开"interior design"网页文件，将其作为网页的主页面。新建"bgzx"网页文件，并保存至同路径下，插入"01"图片并保存（见图 8-1）。

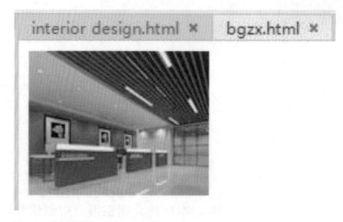

图 8-1　主页面展示

　　选中主页面导航栏内的"办公装修"文本，下方属性中有链接的选项（见图 8-2）。单击链接后面的文件夹选项，找到同路径下的"bgzx"文件，确定后链接的颜色将

图 8-2　属性设置界面

会变成蓝色，并带有下划线，比较影响美观，此时单击页面属性的超链接选项，对超链接的一些参数进行设置（见图 8-3）。

　　按照上面的参数设定后，单击确定预览效果。有时需要打开多个页面，这就涉及属性中链接的目标。如果想要打开新网页，则应选择目标的"blank"选项。读者也可以尝试别的选项。

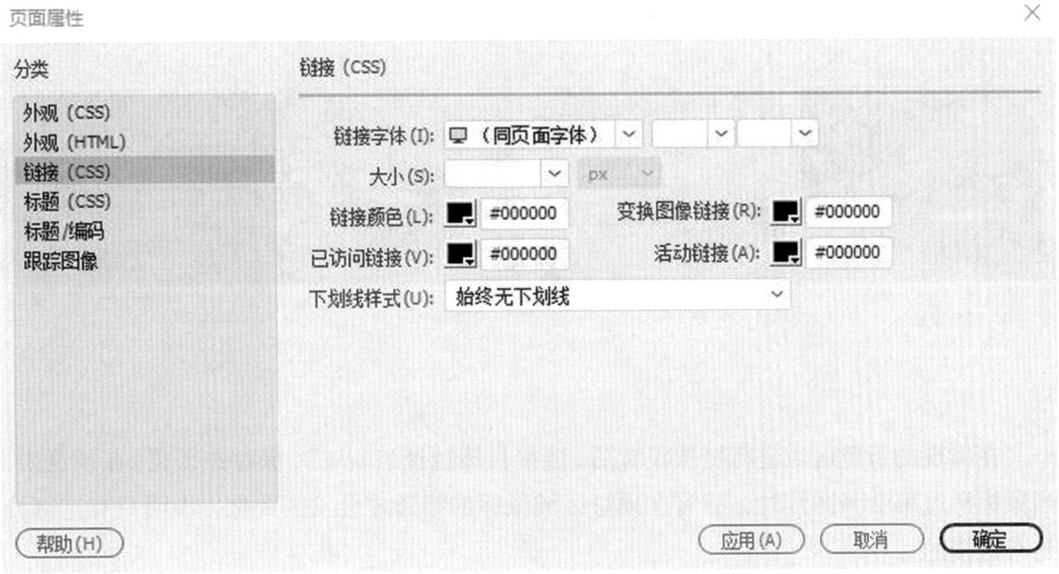

页面属性
分类
外观（CSS）
外观（HTML）
链接（CSS）
标题（CSS）
标题/编码
跟踪图像
链接（CSS）
链接字体(I): （同页面字体）
大小(S): px
链接颜色(L): #000000
变换图像链接(R): #000000
已访问链接(V): #000000
活动链接(A): #000000
下划线样式(U): 始终无下划线
帮助(H)
应用(A)
取消
确定

图 8-3　参数设置

第三节　图像超链接

切换至“bgzx”网页文件，选中图片，按同样的方式进行链接设定，这里将链接目标设置为“parent”（见图 8-4）。

属性
图像，21K
ID
Src
images/01.jpg
链接(L)
interior design.html
地图(M)
目标(R)
_parent
原始

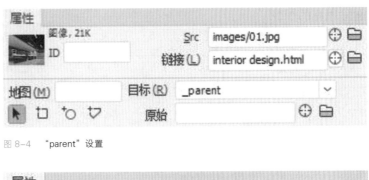

图 8-4　“parent”设置

设置完成后保存并预览，可以看出图片的超链接其实和文本没有什么区别。但对于图像链接，还有一种链接方式，那就是热点链接。

新建“sczx”网页文件，插入“2”图片文件并保存至同目录下，选中主页面同样的第 2 张图片，下方的“地图”选项，即所谓的图像热点链接（见图 8-5）。

属性
图像，18K
ID
Src
images/02.jpg
链接(L)
地图(M)
目标(R)
原始

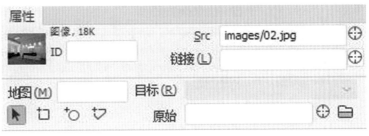

图 8-5　热点链接设置

尝试运用圆形的热点工具，在第 2 张图片中的顶灯上进行链接设置（见图 8-6）。

图 8-6　链接设置

在出现的青色区域进行链接设置后，链接目标选择"blank"，保存并预览。在预览中，当鼠标滑过第 2 张图片时，只有在顶灯区域鼠标的指针才会发生变化，说明只有这部分是有链接的。

第四节　鼠标经过图像

鼠标经过图像也是图像链接的一种，但比较特殊。说它是链接，是因为它确实能够链接到一个元素，但步骤却截然不同。插入 >HTML> 鼠标经过图像（见图 8-7），可以新建文件，也可以在原有的文件上进行添加。如果要在原有的基础上进行修改，需先删除原有的图像。

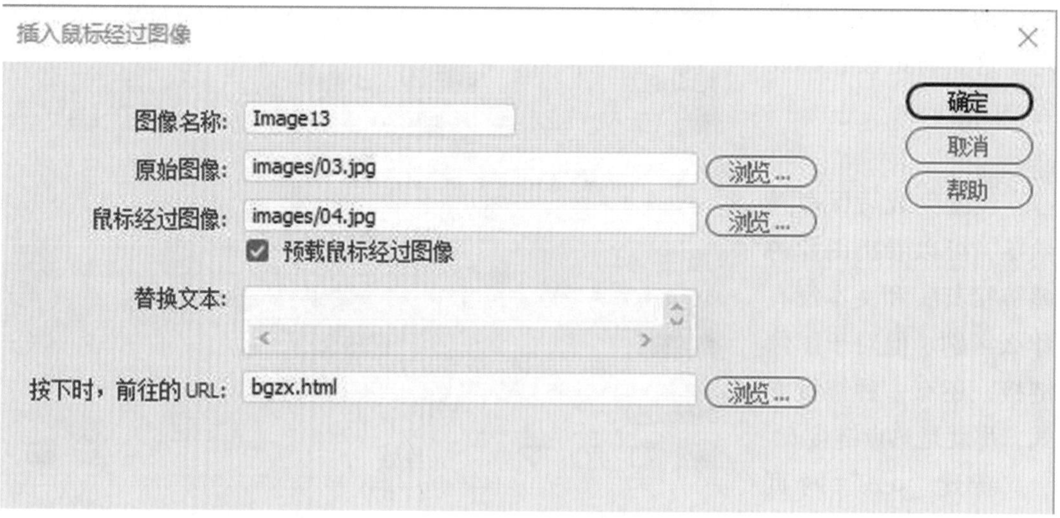

图 8-7　鼠标经过图像设置

第 九 章

实战演练

第一节　常规网站的建设

一、主页的建立

主页的最终效果如图 9-1 所示。

操作步骤如下：

（1）将素材文件夹"cook"复制到站点内，在文件夹内新建 HTML 文件，保存为"index"，文档标题尽量与文件名保持一致（见图 9-2）。

（2）单击创建，打开文件后保存为"index"，修改页面属性，页面背景图片为素材文件夹"cook"中的"1a.png"。"重复"选用"repeat-x"，其余具体参数如图 9-3 所示。

（3）建立表格。建立 2 行 ×9 列，宽度为 1170 像素的表格，具体参数如图 9-4 所示。建立完成后居中对齐，合并前 2 行 ×3 列，其余宽度设置为 130 像素（见图 9-5）。

（4）在合并的单元格内插入"logo.png"，并在第 2 行的后 5 列依次输入 HOME、ABOUT、MENU、SPECIALS、CONTACTS 文本，再点开页面

HOME   ABOUT   MENU   SPECIALS   CONTACTS

GOURMET FOOD
LOREM IPSUM SIT
AMET.CONSECTETUER
Read More >>>

GOURMET FOOD
LOREM IPSUM SIT
AMET.CONSECTETUER
Read More >>>

GOURMET FOOD
LOREM IPSUM SIT
AMET.CONSECTETUER
Read More >>>

TODAY'S SPECIALS

LOREM IPSUM SIT

AMET.CONSECTETUER

WELCOME! TO OUR FINE RESTAURENT

Donec lobortis purus vel

Donec lobortis purus vel urna. Nunc laoreet lacinia nunc.In volutpat lorem ipsum

Morbi volutpat leo inligula.Integer val magana.Quisque ut magana et nisi bibendum sagittis.Fasce elit ligula

Donec lobortis purus vel

Donec lobortis purus vel urna. Nunc laoreet lacinia nunc.In volutpat lorem ipsum

Morbi volutpat leo inligula.Integer val magana.Quisque ut magana et nisi bibendum sagittis.Fasce elit ligula,sodales sit amet, tincidunt in, ullamcorper condimentum, lectus.Aliquam ut

Donec lobortis purus vel

Donec lobortis purus vel urna. Nunc laoreet lacinia nunc.In volutpat lorem ipsum

--> Morbi volutpat leo inligula.Integer val magana.Quisque ut
--> magana et nisi bibendum sagittis.Fasce elit ligula,sodales sit
--> amet.tincidunt in, ullamcorper condimentum, lectus.

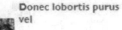

HOME   ABOUT   MENU   SPECIALS   NEWS   CONTACTS

Copyright © 2014.Company name All rights reserved

图 9-1 主页的最终效果

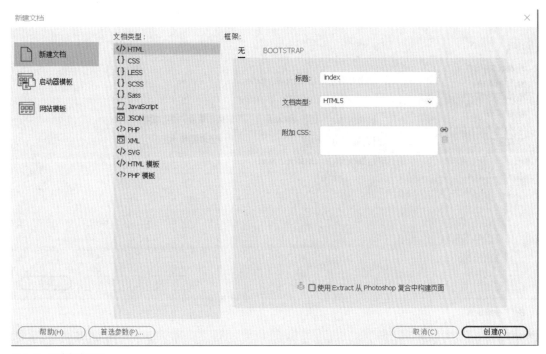

图 9-2　新建文档设置

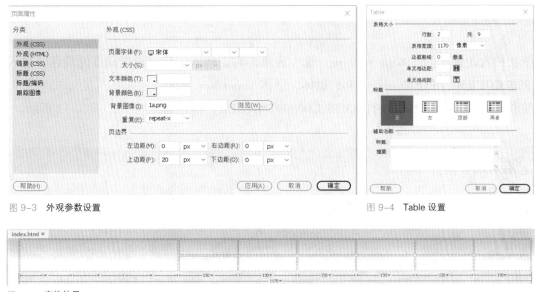

图 9-3　外观参数设置

图 9-4　Table 设置

图 9-5　表格效果

设置 > 链接（CSS），具体参数如图 9-6 所示。字体选用 "Times New Roman"。每个单词都应先设置空链接，方法为选中单词，切换到 HTML 属性，在链接的属性栏中输入 "#"。完成后效果如图 9-7 所示。

（5）将光标移至表格外，回车，新建 2 行 ×3 列的表格，宽度保持一致，其余参数均为 0。第 1 列至第 3 列的背景颜色依次为 #C6404B、#911046 和 #35213C，第 2 行

图 9-6　参数设置

图 9-7　完成效果展示

依次插入图像 7.jpg、8.jpg 和 9.jpg。选中表格，右击插入 1 行，设置同样的颜色。输入文本 GOURMET FOOD，字号 36，粗体，字体 Times New Roman（见图 9-8、图 9-9）。接着输入 LOREM IPSUM SIT AMET.CONSECTETUER，格式如图 9-10、图 9-11 所示。

图 9-8　效果

图 9-9　参数设置

图 9-10　局部效果

图 9-11　参数设置

（6）回车新建表格，插入 1 行，分别设置背景颜色为 #AE3941、#800E3F 和 #2F1D35，输入文本，宽度设置为 390。每列输入"Read More>>>"文本，建立超链接（见图 9-12）。

图 9-12　超链接效果

（7）回车，新建 2 行 ×3 列同样宽度的表格，居中，设置第 1 行高度为 20，第 2 行高度为 100，合并第 2 行第 2 列及第 3 列两个单元格。接下来为表格添加背景图片。切换至拆分视图，选中第 2 行单元格，就会看到对应的代码（见图 9-13）。

```
    ▼        <tr>
                <td height="100"> </td>
                <td height="100"> </td>
                <td height="100"> </td>
             </tr>
```

图 9–13　相应代码

（8）合并 3 列单元格，代码将有所变化（见图 9–14）。

```
             </tr>
    ▼        <tr>
    ▼            <td height="100" colspan="3"> </td>
             </tr>
          </tbody>
```

图 9–14　代码变化

（9）在 colspan="3" 代码后面按下空格（space），输入 "background"，在没有输入完成的情况下有可能会自动弹出相应代码（见图 9–15），单击 "background" 后会出现"浏览"选项（见图 9–16），同样插入素材库中的 "1a.png" 图像文件。

```
    <tr>
        <td height="100" colspan="3" ba> </td>
    </tr>
  </tbody>
</table>
```
background

图 9–15　相应代码弹出

```
    <tr>
        <td height="100" colspan="3" background=""> </td>
    </tr>
  </tbody>
</table>
<p> </p>
<p> </p>
<p> </p>
<p> </p>
```
浏览...
1.png
10.jpg
13.jpg

图 9–16　"浏览"弹出

（10）切换回设计视图，拆分单元格为 3 列。然后观察代码，如果当时没有合并单元格，就需要额外输入两次同样的代码，那么在复制粘贴的过程中出现错误的可能性就很大，因此，这样的操作可以尽量减少错误的发生（见图 9–17）。

```
<tr>
    <td height="100" background="1a.png"> </td>
    <td height="100" background="1a.png"> </td>
    <td height="100" background="1a.png"> </td>
</tr>
```

图 9–17　代码视图

（11）现在合并第 2 列及第 3 列单元格。左侧列设置宽度为 390。输入两行文本，第 1 行为 "TODAY'S SPECIALS"，第 2 行为 "LOREM IPSUM SIT AMET. CONSECTETUER"。第 1 行文本设置格式如图 9–18 所示，第 2 行文本设置格式如图 9–19 所示。

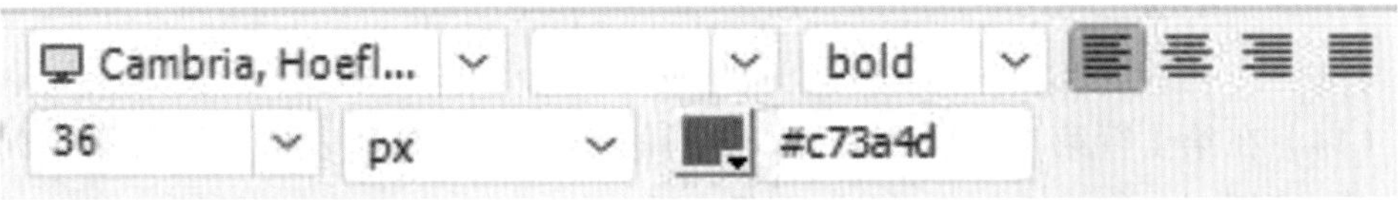

图 9–18　第 1 行文本设置格式

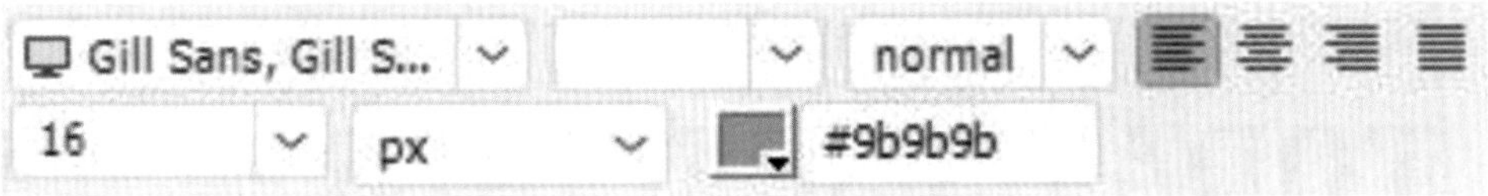

图 9–19　第 2 行文本设置格式

（12）在右侧列输入 "WELCOME!TO OUR FINE RESTAURENT" 文本。前半部分 "WELCOME!" 格式设置如图 9–20 所示，后半部分 "TO OUR FINE RESTAURENT" 格式设置如图 9–21 所示。

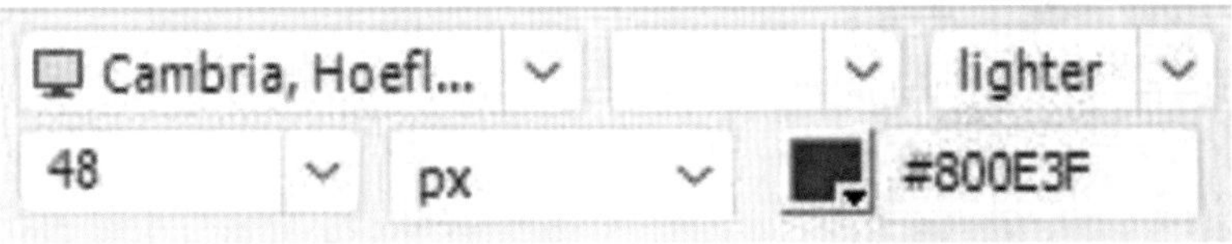

图 9–20　前半部分格式设置

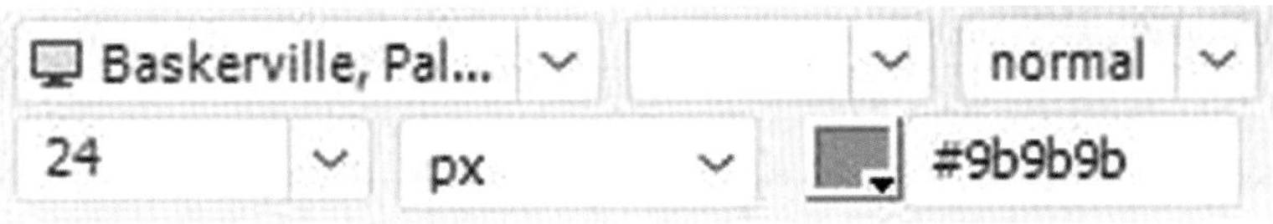

图 9–21　后半部分格式设置

（13）另起一行，插入3行×3列的表格，其余参数设置不变，居中对齐，每列设置宽度为390，每行的高度为180（见图9-22）。

图 9-22　表格效果

（14）在第1行第1列插入3行×2列的表格，即嵌套表格，设置第1列宽为130，第2列宽为260。插入"3.jpg"图像文件（见图9-23）。

图 9-23　插入图像

（15）在第 2 行第 2 列嵌套 2 行 ×1 列的表格，第 1 行设置单元格高度为 40，第 2 行设置单元格高度为 60，在嵌套表格 2 中的第 1 行输入文本"Donec lobortis purus vel"，设置格式如图 9-24 所示，第 2 行输入文本"Donec lobortis purus vel urna. Nunc laoreet lacinia nunc.In volutpat lorem ipsum"，设置格式如图 9-25 所示。完成后复制嵌套表格 1，分别粘贴到第 2 行第 1 列及第 3 行第 1 列单元格中（见图 9-26）。

图 9-24 "Donec lobortis purus vel"文本设置格式

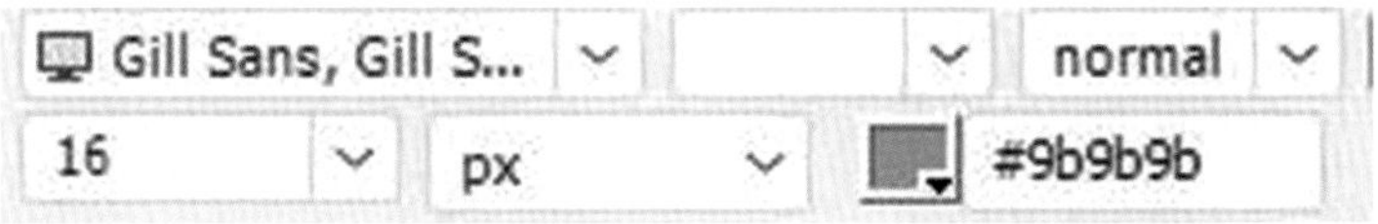

图 9-25 "Donec lobortis purus vel urna. Nunc laoreet nunc. In volutpat lorem ipsum"文本设置格式

图 9-26 效果

（16）替换第2行及第3行图片。单击第2行的图片，查看下面的属性栏（见图 9-27），找到"Src"，单击"3.jpg"右侧的文件夹图标，选择"4.jpg"，然后以同样的方法将第3行的图片替换为"6.jpg"，最终效果如图 9-28 所示。

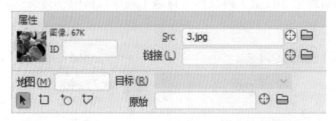

图 9-27　属性界面设置

	Donec lobortis purus vel Donec lobortis purus vel urna. Nunc laoreet lacinia nunc.In volutpat lorem ipsum		
	Donec lobortis purus vel Donec lobortis purus vel urna. Nunc laoreet lacinia nunc.In volutpat lorem ipsum		
	Donec lobortis purus vel Donec lobortis purus vel urna. Nunc laoreet lacinia nunc.In volutpat lorem ipsum		

图 9-28　最终效果

（17）合并每个图片下的单元格，插入水平线，删除每个图片上的行，预览效果如图 9-29 所示。

图 9-29　预览效果

（18）右侧列的设置。在第 1 行插入 3 行 ×1 列的嵌套表格，第 1 行和第 3 行高度为 30。在第 2 行插入文本"Morbi volutpat leo inligula.Integer val magana.Quisque ut magana et nisi bibendum sagittis.Fasce elit ligula"。其他具体参数设置如图 9-30 所示。

图 9-30　参数设置

第 2 行直接输入"Morbi volutpat leo inligula.Integer val magana.Quisque ut magana et nisi bibendum sagittis.Fasce elit ligula，sodales sit amet，tincidunt in， ullamcorper condimentum，lectus.Aliquam ut"文本字样。其他具体参数设置如图 9-31 所示。

图 9-31　参数设置

第 3 行输入三段文本：

＿＿>Morbi volutpat leo inligula.Integer val magana.Quisque ut

＿＿>magana et nisi bibendum sagittis.Fasce elit ligula，sodales sit

＿＿>amet，tincidunt in，ullamcorper condimentum，lectus.
其他具体参数设置如图 9-32 所示。

| 🖥 Gill Sans, Gill S... ∨ | | ∨ | normal ∨ |
| 18 ∨ | px ∨ | ▓▼ | #c73a4d |

图 9-32　参数设置

（19）预览效果如图 9-33 所示。

TODAY'S SPECIALS

LOREM IPSUM SIT AMET.CONSECTETUER

Donec lobortis purus vel

Donec lobortis purus vel urna.
Nunc laoreet lacinia nunc.In
volutpat lorem ipsum

Donec lobortis purus vel

Donec lobortis purus vel urna.
Nunc laoreet lacinia nunc.In
volutpat lorem ipsum

Donec lobortis purus vel

Donec lobortis purus vel urna.
Nunc laoreet lacinia nunc.In
volutpat lorem ipsum

WELCOME!TO OUR FINE RESTAURENT

Morbi volutpat leo inligula.Integer val
magana.Quisque ut magana et nisi bibendum
sagittis.Fasce elit ligula

Morbi volutpat leo inligula.Integer val magana.Quisque ut
magana et nisi bibendum sagittis.Fasce elit ligula,sodales
sit amet, tincidunt in, ullamcorper condimentum,
lectus.Aliquam ut

--> Morbi volutpat leo inligula.Integer val magana.Quisque
ut
--> magana et nisi bibendum sagittis.Fasce elit
ligula,sodales sit
--> amet,tincidunt in, ullamcorper condimentum, lectus.

图 9-33　预览效果

（20）另起一行，插入 3 行 ×1 列的表格，宽度选择 100%。第 1 行插入水平线，水平线长度设置为 1170，颜色设置为白色，具体过程如前所述，宽度任意设置即可。第 2 行插入 1 行 ×6 列的表格，宽度设置为 1170，分别在每列中输入"HOME/ABOUT/MENU/SPECIALS/NEWS/CONTACTS"文本，居中对齐，单元格高度设置为 50，其他参数默认。第 3 行输入"Copyright ⓒ 2014.Company name All rights reserved"，居中对齐，单元格高度设置为 70，预览效果如图 9-34 所示。

HOME   ABOUT   MENU SPECIALS CONTACTS

GOURMET FOOD
LOREM IPSUM SIT
AMET.CONSECTETUER
Read More >>>

GOURMET FOOD
LOREM IPSUM SIT
AMET.CONSECTETUER
Read More >>>

GOURMET FOOD
LOREM IPSUM SIT
AMET.CONSECTETUER
Read More >>>

TODAY'S SPECIALS

LOREM IPSUM SIT

AMET.CONSECTETUER

WELCOME! TO OUR FINE RESTAURENT

Donec lobortis purus vel

Donec lobortis purus vel urna. Nunc laoreet lacinia nunc.In volutpat lorem ipsum

Morbi volutpat leo inligula.Integer val magana.Quisque ut magana et nisi bibendum sagittis.Fasce elit ligula

Donec lobortis purus vel

Donec lobortis purus vel urna. Nunc laoreet lacinia nunc.In volutpat lorem ipsum

Morbi volutpat leo inligula.Integer val magana.Quisque ut magana et nisi bibendum sagittis.Fasce elit ligula,sodales sit amet, tincidunt in, ullamcorper condimentum, lectus.Aliquam ut

Donec lobortis purus vel

Donec lobortis purus vel urna. Nunc laoreet lacinia nunc.In volutpat lorem ipsum

--> Morbi volutpat leo inligula.Integer val magana.Quisque ut
--> magana et nisi bibendum sagittis.Fasce elit ligula,sodales sit
--> amet.tincidunt in, ullamcorper condimentum, lectus.

HOME   ABOUT   MENU   SPECIALS   NEWS   CONTACTS

Copyright © 2014.Company name All rights reserved

图 9-34　预览效果

二、多样链接的建立

应该注意到，在前面建立主页并设置页面背景时，也设置了超链接的格式（见图 9-35）。如果想设置别的样式的超链接，形式依然是相同的（见图 9-36）。

HOME　　　**ABOUT**　　　**MENU**　　　**SPECIALS**　　　**CONTACTS**

图 9-35　背景超链接

GOURMET FOOD
LOREM IPSUM SIT AMET.CONSECTETUER
Read More >>>

图 9-36　超链接

很显然，这种形式的超链接无法满足对于网页设计的要求。因此，本节主要介绍如何设置多样化的超链接。

比如要为图 9-37 中的标题设置超链接，即红色字体的部分。

Donec lobortis purus vel

Donec lobortis purus vel urna.
Nunc laoreet lacinia nunc.In
volutpat lorem ipsum

图 9-37　红色标题效果

选中标题，右击 >CSS 样式 > 新建。CSS 选择器类型中选择复合内容，选择器名称选择 a:link（见图 9–38）。

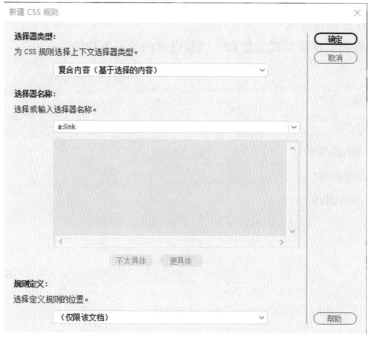

图 9–38　复合内容设置

点击"确定"，在 CSS 规则窗口的类型中设置字体样式，字体选择 Arial，字号 24 号加粗，颜色 #c73a4d，始终无下划线（见图 9–39）。

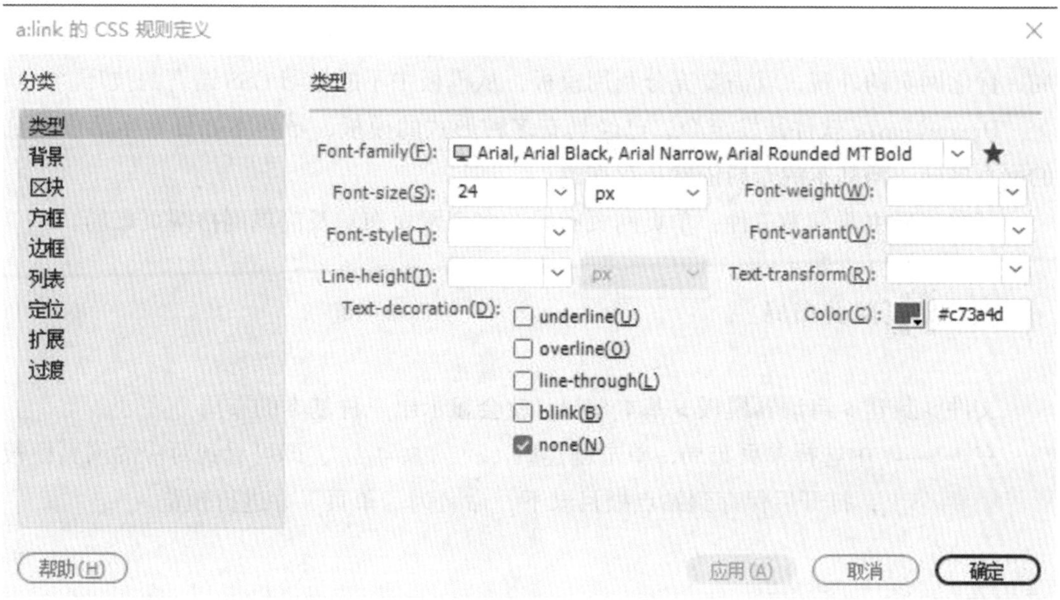

图 9–39　参数设置

单击"确定",在预览中查看结果。试想一下,如果事先规划好 CSS 样式的超链接形式,那么是否还需要此前的多项步骤?

前面在 CSS 选择器名称设置了 a:link,接下来将 a:visited、a:hover 及 a:active 三种 CSS 样式设置同样的链接形式(见图 9-40)。

同理,设置想要的链接形式,是 CSS 链接设置的最基本功能。

图 9-40　链接形式

第二节　模板

由前述已知,作为初学者,独立完成 CSS 代码编写基本上是不可能的,因此,在实际的网页设计及网站制作的过程中,CSS 代码有着不可替代的作用。同时,CSS 代码牵涉内容较多,无法用一两个章节表述完。所以要想在网页的设计过程中突出网页的布局,优化网页的外观,就需要充分利用模板,从模板中不断学习 CSS 语言的技巧。

Dreamweaver 软件开发至今,已经具有多种形式的模板,虽然不如日常生活中见到的网页多样,但基本的布局依然是存在的。

基本布局主要分为三种:单页网页布局、多列网页布局及简单网格网页布局。

一、单页网页布局

文件 > 新建 > 启动器模板 > 基本布局,就会显示出三种基本的布局(见图 9-41)。

在图 9-41 中选择单页布局,单击创建后(见图 9-42),即可看到对应的网页模板(见图 9-43),打开后保存到站点根目录下,命名为"单页"并进行预览。

图 9-41 布局效果

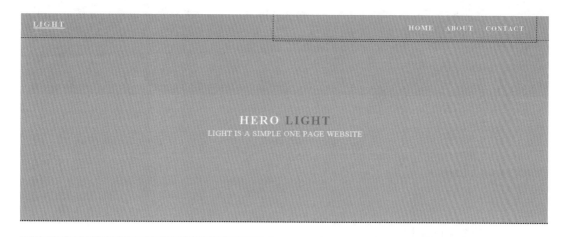

图 9-42 创建界面

图 9-43 网页模板

这种简单的页面布局在现阶段的网页设计中被广泛应用（见图 9-44），只需要根据网页各元素的具体尺寸要求，将设计好的网页各元素进行相应的处理，再进行简单的替换即可。

图 9-44　单页网页布局的应用

二、多列网页布局

打开网页模板后保存，此时可以看到编辑状态下替代图像的位置（见图 9-45），与预览状态下替代图像的位置（见图 9-46）的尺寸保持得并不一致。

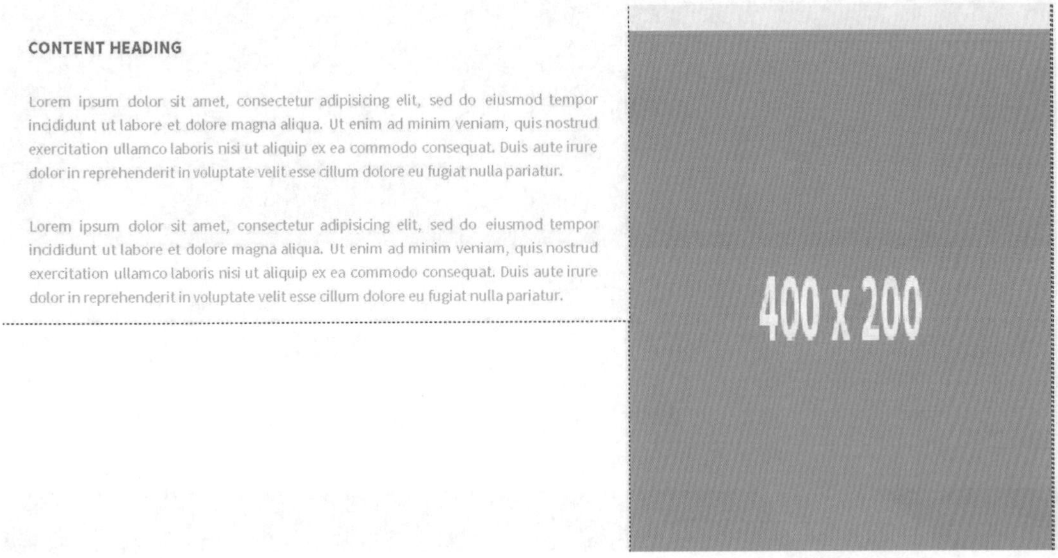

CONTENT HEADING

Lorem ipsum dolor sit amet, consectetur adipisicing elit, sed do eiusmod tempor incididunt ut labore et dolore magna aliqua. Ut enim ad minim veniam, quis nostrud exercitation ullamco laboris nisi ut aliquip ex ea commodo consequat. Duis aute irure dolor in reprehenderit in voluptate velit esse cillum dolore eu fugiat nulla pariatur.

Lorem ipsum dolor sit amet, consectetur adipisicing elit, sed do eiusmod tempor incididunt ut labore et dolore magna aliqua. Ut enim ad minim veniam, quis nostrud exercitation ullamco laboris nisi ut aliquip ex ea commodo consequat. Duis aute irure dolor in reprehenderit in voluptate velit esse cillum dolore eu fugiat nulla pariatur.

400 x 200

图 9-45　替代图像

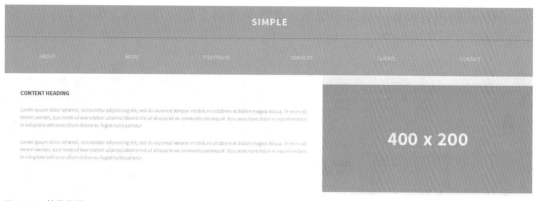

图 9-46　效果呈现

之所以造成这样的情况，是因为包含诸多 CSS 语言命令的界面尺寸不一致。后期在运用 CSS 时应注意，有些效果在编辑状态下是呈现不出来的，因此，需要时刻保持预览的状态，以便随时进行调整。

三、简单网格网页布局

如果说前述的两种网页模板是 CSS 语言的简单应用，那么网格布局的网页模板就是设计基础与 CSS 语言的结合应用。网格系统在网页设计中的应用其实是版面设计的一个子类，因此在运用此类网页模板时，必须具有一定的版面设计基础，否则在套用网页模板时，将会出现一定程度的误差（见图 9-47）。

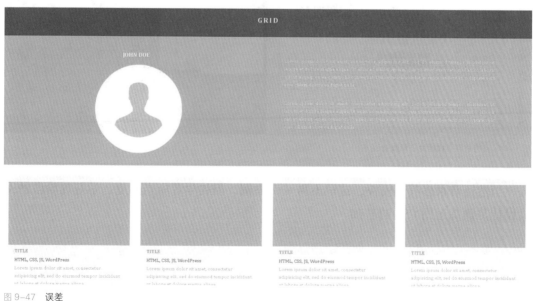

图 9-47　误差

　　网格式的网页模板一旦应用得当，其效果甚至会超出 CSS 语言结构本身（见图 9–48）。

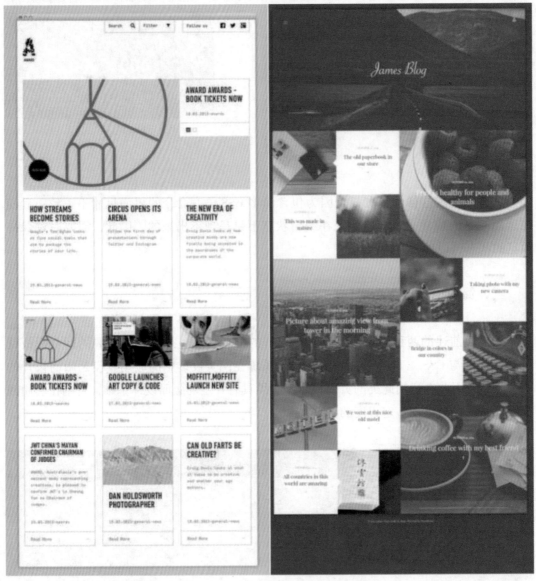

图 9–48　网格式网页模板的应用效果

　　当然还有很多其他模板，这里不再一一举例，但初学者应当知道，学好现阶段的网页设计是熟练运用 CSS 的基础。

第 十 章

发布站点

第一节　定义远程站点

Dreamweaver 基于一个双站点系统。一个站点是计算机的硬盘驱动器上的一个文件夹，称为本地站点（local site），前面章节中的所有工作都是在本地站点上执行的。另一个站点通常建立在另一台计算机上运行的 Web 服务器上的一个文件夹中，称为远程站点（remote site）。

Dreamweaver 支持使用多种方法连接到远程站点。本节只介绍 FTP 模式。所谓的 FTP（File Transfer Protocol，文件传输协议）即连接到托管 Web 站点的标准方法。

第二节　建立远程 FTP 站点

打开 Dreamweaver 软件，站点 > 管理站点（见图 10-1）。

选中"mysite"站点，点击左下角的编辑图标（铅笔图标），单击服务器类别（见图 10-2）。

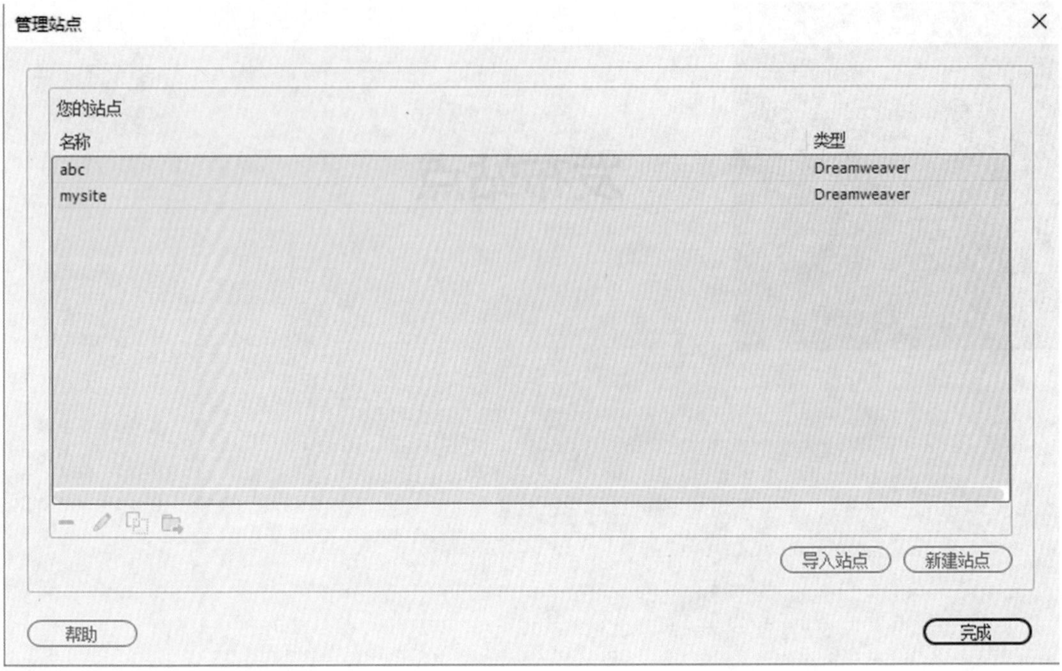

图 10-1　Dreamweaver 界面

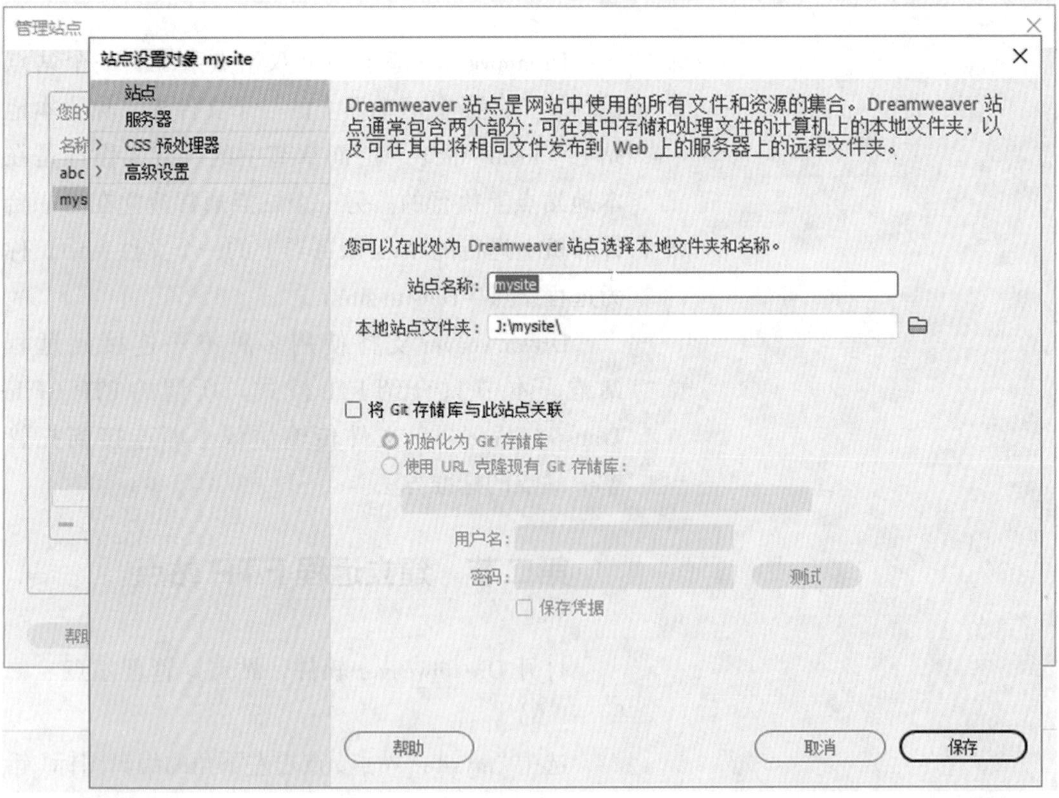

图 10-2　服务器类别

单击左下角的"+"，添加新的服务器，服务器名称输入 test，连接方法选择
FTP。在 FTP 地址中，输入 FTP 服务器的 URL 或 IP 地址。如果签约第三方服务器作为
Web 主机，将分配 FTP 地址，这个地址可以是 IP 的形式（如 192.168.0.0）。FTP 地址
往往是站点的名称（如 ftp.websitename.org），在 Dreamweaver 中不要求输入"ftp"。
在输入用户名时，有一个细节需要注意，就是尽可能区分大小写，然后进行测试（见图
10-3）。

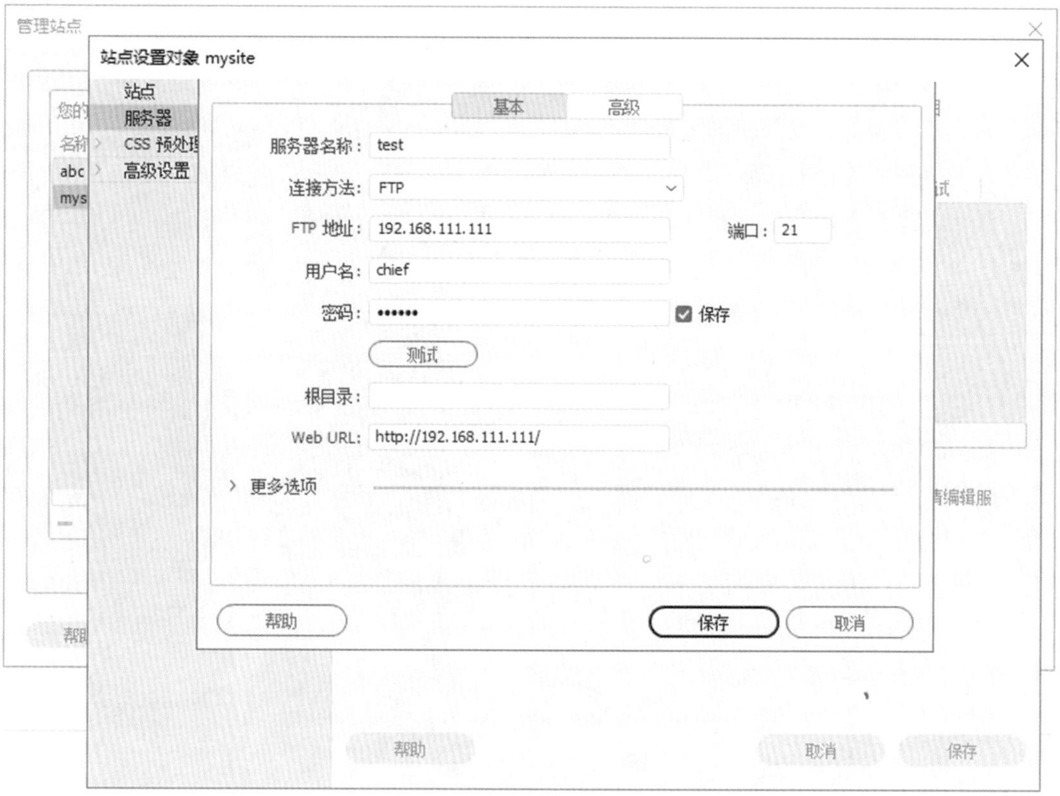

图 10-3 测试界面

单击保存完成设置，一般情况下，如果仅是测试性质的，通常不会成功，因此不用
考虑是否会成功，如果之前的步骤都是正确的，那么一定会成功。

第十一章

优秀网页设计案例解析

第一节　PC 端

Digiday

Digiday（https://digiday.com/）是由 Nick Friese 于 2008 年创立的线上媒体，是一家领先的现代数字和营销媒体。

设计亮点：与传统的在线新闻媒体网站不同（标题和图像就占据了主页），作为优秀网页设计案例之一的 Digiday 比较特别。网站第一部分只展示了一篇文章并配上相关的图片，非常引人注目，简单有序的布局不会让用户感到混乱。主页的顶部为用户提供了不同的选项，用户只需点击就可以进入自己感兴趣的频道。（资料来源：https://blog.csdn.net/aimeeth/article/details/84071862）

Morgan Stanley

Morgan Stanley（http://www.morganstanley.com/）是一家成立于美国纽约的国际金融服务公司，提供包括证券、资产管理、企业合并重组和信用卡等在内的金融服务。

设计亮点：与传统以产品为中心的网页设计不同，Morgan Stanley 在其主页上展现了一篇他们希望能够带来大量流量的文章，而其余部分则使用以网格为中心的布局来组织他们近期发布的各种文章。（资料来源：https://blog.csdn.net/aimeeth/article/details/84071862）

华蓝集团

华蓝集团（http://www.gxhl.com/）源于 1953 年成立的广西省人民政府建筑工程局设计公司。经过 60 多年的发展，已由过去的地区性单一业务设计院，发展成为立足广西、布局全国、放眼世界、多业务板块齐头并进的现代企业集团。集团在全国多个城市设有分支机构，业务拓展至东南亚、非洲、俄罗斯等地区，与 10 多个国家开展业务合作与交流。

设计亮点：界面简单大方，布局清晰有秩序感，动态技术运用得当，整体色调布局统一。

魅无界设计

魅无界设计（http://www.maximum8.com/）创建于香港，设计总部位于广州，在成都设有分公司，业务聚焦于酒店、会所、私家豪宅及房地产展示空间和商业空间，为客户提供专业的软装设计、高端定制、专业实施的全方位解决方案与服务。

设计亮点：版式布局结构合理，整体色调统一，可以满足任何比例的显示器界面。

浙江嘉威通信设备有限公司

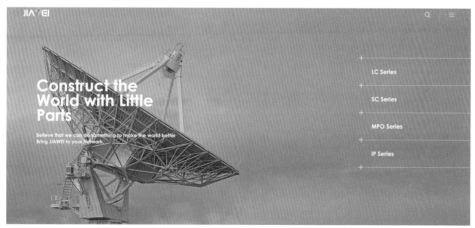

浙江嘉威通信设备有限公司（http://www.jiaweice.com/）位于浙江省第二大城市、江南水乡兼海港城市宁波，办公室地址为宁波慈溪市观海卫镇工业园东区桃园东路 29 号，于 2017 年 3 月 21 日在慈溪市市场监督管理局注册成立。

设计亮点：①界面主次分明；②图文混排构图合理；③对于不同分辨率尺寸的把握精准。

第二节　手机端

Apple

Apple（http://www.apple.com/）。

设计亮点：便捷的滚动式导航。调查研究显示，隐藏导航（如汉堡导航）会减少 21% 的内容可发现性，并平均增加使用导航 2 秒。而苹果网站的内容布局非常棒，通过滚动页面，便可获取信息，并不需要使用导航按钮，十分便捷。一个购物袋的图标按钮通常是有必要且应一目了然的，以满足用户的购买需求。如果浏览页面后仍获取不到所需信息，可以在底部导航中深度检索，从而得到想要的信息。

Pitchfork

Pitchfork（http://www.pitchfork.com/）。

设计亮点：拇指化设计。虽然现在有许多拇指化区域的研究，但仍有许多网站与应用因为从众心理而将导航置于屏幕顶部。但如果留心拇指触及区域，便会发现手机越大，屏幕外部边缘区域的内容越难以被用户接触到。而类似 Pitchfork 这样的移动网页则是将网站主导航栏置于屏幕最底部，拇指最容易触及的地方。随着移动设备持有量的不断增长，这样的设计将是未来所向。

Typeform

Typeform（https://www.typeform.com/）。

设计亮点：大菜单按钮，非常适合触屏操作。Typeform 的桌面网站设计非常精美，包括简洁的副本，高清视频、动画等设计元素。但是复杂的设计组件对移动端用户并不友好，比如视频和动画可能会显著影响页面加载时间。因此，他们在移动端网页上删减了许多不必要的设计元素，保留了适合在移动设备上操作的大菜单按钮，简单却不失精美，简化了整体移动体验。

兰蔻

兰蔻（https://www.lancome.com.cn/）1935 年诞生于法国，是 Armand Petitjean（阿曼达·珀蒂让）创办的品牌。作为全球知名的高端化妆品品牌，兰蔻涉足护肤、彩妆、香水等多个产品领域，主要面向教育程度和收入水平较高，年龄在25～40岁的成熟女性。

设计亮点：①界面优化合理；②主次内容清晰、明显；③页面布局会随着选择的内容而变化，但主体内容不变。

雪花秀

雪花秀（http://www.sulwhasoo.com）是韩国高端草本护肤品牌，韩国著名

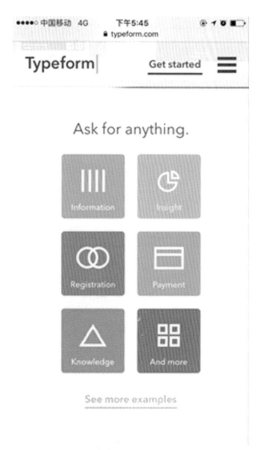

化妆品集团爱茉莉（太平洋）株式会社旗下三大高端品牌（爱茉莉太平洋、雪花秀、赫妍）之一。50年间，雪花秀将传统古法和现代技术相结合，精心选取具有护肤功效的东方草本，采用独特炮制法，提炼人参和滋盈凝萃复合体的核心成分，研发出诸如人参系列等抗老化护肤产品。

设计亮点：①版式对称，布局合理；②字体的设计符合品牌要求；③视觉流程顾及全版面。

附　　录

appendix

附录一　HTML 标签

常用 HTML 标签

以下表格中所列的是一些常用的 HTML 标签，并不一定会使用到，但如果需要深入学习，应多加注意。

标签	说明
<!--...-->	指定 HTML 注释。允许在 HTML 代码内添加注释，当用浏览器查看页面时，将不会显示它们
<a>	锚记。创建超链接
<blockquote>	引文。创建独立的缩进段落
<body>	指定文档主体。包含 Web 页面内容的可见部分
 	换行。插入一个换行符，而不会创建一个新的段落
<div>	页面划分。用于把页面内容分成容易分辨的组，广泛用于模拟分栏式布局
<em>	强调。增加语义强调。在大多数的浏览器和阅读器中默认显示为斜体
<form>	指定 HTML 表单
<h1>~<h6>	标题。创建加粗的标题。隐含语义值
<head>	指定文档头部。包含执行后台功能的代码
<hr/>	水平标线。生成水平线的空元素
<html>	大多数 Web 页面的根元素。包含整个 Web 页面，只不过在某些情况下必须在 <html> 开始标签之前加载给予服务器的代码
<img/>	图像

标签	说明
<input/>	表单的输入元素，比如文本框
<li>	列表项
<link/>	指定文档与外部资源之间的关系
<ol>	有序列表。创建编号列表
<p>	段落。创建独立的段落
<span>	指定文档区域。提供对文档的一部分应用特殊格式化或强调的方式
<strong>	增加语义强调。在大多数的浏览器和阅读器中默认显示为粗体
<style>	调用 CSS 样式规则
<table>	指定 HTML 表格
<td>	表格数据。用于指定表格单元格
<textarea>	用于表单的多行文本输入元素
<th>	表格标题
<title>	标题
<tr>	表格行
<ul>	无序列表。定义项目符号列表。利用项目符号显示列表项

HTML 实体字符

字符	说明	名称	数字
ⓒ	版权	&copy;	&#169
ⓡ	注册商标	&reg;	&#174
TM	商标		&#153
•	项目符号		&#149
–	短划线		&#150
—	长划线		&#151
	非间断空格		

重要的 HTML5 新标签

标签	说明
<article>	指定独立的、自含式内容，可以独立于站点的其余内容分发它们
<aside>	指定与周围内容相关的侧栏内容
<audio>	指定多媒体内容、声音或其他音频
<canvas>	指定使用脚本创建的图形内容
<figure>	指定包含图像或视频的独立内容的区域
<figcaption>	指定 <figure> 元素的图题
<footer>	指定文档或区域的脚注
<header>	指定文档或区域的简介
<hgroup>	当标题有多个层级时，指定 <h1>~<h6> 元素
<nav>	指定导航区域
<section>	指定文档中的区域，例如文章、标题、脚注或文档中的任意区域
<source>	指定媒体元素的资源文件、视频或音频文件的子元素
<track>	指定媒体播放器中使用的文本轨道
<video>	指定视频内容

常用 HTML 默认设置

项目	说明
背景	大多数浏览器中，页面背景是白色的。<div><table><td><th> 及其他大多数标签的背景都是透明的
标题	标题 <h1>~<h6> 都是加粗左对齐。6 个标题标签应用不同的字体大小属性（<h1> 最大，<h6> 最小）
正文	在表格单元格外面，文本与页面的左上角对齐
表格单元格文本	表格单元格 <td> 内的文本与左边水平对齐并与中心垂直对齐
表格标题	表格单元格标题 <th> 内的文本与中心水平和垂直对齐
字体	文本颜色是黑色。由浏览器指定和提供默认的字形和字体
边距	元素边框 / 边界的外部间距
填充	方形边框与内容之间的间距。依据默认的样式表，没有元素具有默认的填充

附录二　CSS 规则的语法

标准的书写规范

CSS 是 HTML 的一个强大助手。它具有对任何 HTML 元素编排样式和进行格式化的能力，但是该语言对于再小的打字或语法错误都异常敏感。即使丢失一个句点、逗号或分号，页面都存在将整段代码完全忽略的可能。

例如，考虑下面的简单规则：

P ｛ padding：1px；

Margin：10px；｝

将对段落 <p>（段落）元素应用填充和边距。

也可以把这个规则正确地写成以下形式（不带间距）：

P ｛padding：1px；margin：10px；｝

第一个示例中使用的空格和换行符是不必要的，它们只是为可能编写和阅读代码的人提供方便，处理代码的浏览器及其他设备不需要它们。但是，对于散布在整个 CSS 中的多种不同的标点符号则不是这样。

使用圆括号 () 或方括号 [] 代替大括号 {}，那么规则（也许是整个样式表）将是无用的。对于代码中使用的冒号"："和分号"；"也是如此。

你能看出来下面的示例规则中的所有错误吗？

P ｛ padding；1px：margin；10px：｝

P ｛ padding：1px；margin：10px；｝

P ｛ padding 1px，margin 10px，｝

在构造复合选择器时也可能出现类似的问题。例如，把一个空格放在错误的位置可能完全改变选择器的含义。

这个 article.content ｛color:#F00｝规则在下面这种代码结构中用于优化格式化 <article> 元素及其所有的子元素：

<article class="content"><p>...</p></article>

而 article .content ｛color:#F00｝规则（在 article 元素后面带有一个空格）将完全忽略以前的 HTML 结构，并且在下面的代码中只会格式化 <p> 元素：

<article><p class="content">...</p></article>

由此可见，微小的错误都可能产生显著的影响。优秀的 Web 设计师将始终关注搜索出任何微小的错误、错误放置的空格或标点符号，以使它们的 CSS 和 HTML 正确工作。

CSS 设计器工作流程总结

（1）在希望编排样式的元素中插入光标。如果没有刻意地选择一个元素，Dreamweaver 将使用光标的当前位置，并基于它使用新规则的名称。可以直接使用这个名称，或者根据需要编辑它。

（2）选择希望在其中创建规则的样式表。如果没有选择样式表，Dreamweaver 将不允许创建新的选择器。

（3）选择媒体查询（如果有的话）。如果没有媒体查询，Dreamweaver 将把新规则添加到默认的样式表中。

（4）选择现有的规则，建立想要的层叠。通过在此处选择一个规则，Dreamweaver 将紧接在所选的规则之后插入新的规则。如果没有选择规则，Dreamweaver 将把新的选择器添加到第 2 步中选择的样式表的末尾。

（5）创建选择器。Dreamweaver 将基于光标的位置创建特定的选择器。可以直接使用这个选择器，或者根据需要编辑它。在打开时，框中将利用 HTML 元素、类和 ID 名称提供提示，帮助创建选择器名称。可以随时按下"Esc"键，关闭提示弹出式菜单。

（6）按下"Enter/Return"键关闭选择器。要完全取消新选择器的创建，可以再次按下"Esc"键，这样便不会创建新的规则。

附录三　字形与字体

在网页设计的过程中，字形与字体是要重点关注的两个概念。

字形：指整个字体系列的设计；字体：指一种特定的设计。简单来说，字形通常由多种字体组成。字形具有四种基本的设计：常规、斜体、粗体及粗斜体。在 CSS 规范中选择一种字体时，通常会默认选择字体的常规格式。

当 CSS 规范要求斜体或粗体时，浏览器通常会自动加载字形的斜体版本或加粗版本。不过当这些字体不存在或不可用时，许多浏览器实际上可以生成斜体或粗体。

参考文献

Reference

［1］王君学 .Dreamweaver CS6 中文版基础培训教程［M］.北京：人民邮电出版社，2015.

［2］Adobe 公司 .Adobe Dreamweaver CC 经典教程［M］.北京：人民邮电出版社，2014.

［3］胡崧 .Dreamweaver CS6 从入门到精通［M］.北京：中国青年出版社，2015.

［4］吴鹏飞 .网页制作与网站建设从入门到精通［M］.北京：人民邮电出版社，2015.

［5］李静 .Dreamweaver CC 网页设计从入门到精通［M］.北京：清华大学出版社，2017.

［6］初广勤 .Dreamweaver CC 网页创意设计案例课堂［M］.第 2 版 .北京：清华大学出版社，2018.

［7］宋杨 .中文版 Dreamweaver CC 2018 网页制作实用教程［M］.北京：清华大学出版社，2018.

［8］文杰书院 .Dreamweaver CC 中文版网页设计与制作［M］.北京：清华大学出版社，2017.

［9］数字艺术教育研究室 .中文版 Dreamweaver CC 基础培训教程［M］.北京：人民邮电出版社，2016.

［10］智云科技 .Dreamweaver CC 网页设计与制作［M］.北京：清华大学出版社，2015.

［11］杨阳 .Dreamweaver CC 一本通［M］.北京：机械工业出版社，2014.

［12］新视角文化行 .Dreamweaver CC 从入门到精通［M］.北京：人民邮电出版社，2016.

［13］刘欢 .HTML5 基础知识 核心技术与前沿案例［M］. 北京 : 人民邮电出版社，
2016.

［14］温谦，孙领弟，李洪发 .CSS 网页设计标准教程［M］. 北京 : 人民邮电出版社，
2015.